普通高等教育电气工程与自动化类课程规划教材

（第二版）

电路分析实验教程

主　编　程荣龙
参　编　杨春兰　颜　红

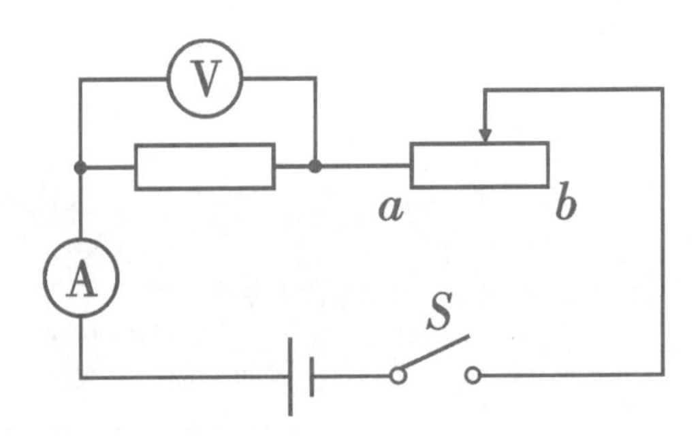

大连理工大学出版社

图书在版编目(CIP)数据

电路分析实验教程 / 程荣龙主编. -- 2 版. -- 大连：大连理工大学出版社，2021.6(2023.3 重印)
普通高等教育电气工程与自动化类课程规划教材
ISBN 978-7-5685-3014-9

Ⅰ. ①电… Ⅱ. ①程… Ⅲ. ①电路分析－实验－高等学校－教材 Ⅳ. ①TM133-33

中国版本图书馆 CIP 数据核字(2021)第 082263 号

大连理工大学出版社出版
地址:大连市软件园路 80 号　邮政编码:116023
发行:0411-84708842　邮购:0411-84708943　传真:0411-84701466
E-mail:dutp@dutp.cn　URL:https://www.dutp.cn
大连永盛印业有限公司印刷　　大连理工大学出版社发行

幅面尺寸:185mm×260mm　印张:8　字数:185 千字
2013 年 3 月第 1 版　　2021 年 6 月第 2 版
2023 年 3 月第 2 次印刷

责任编辑:王晓历　　责任校对:王瑞亮
封面设计:张　莹

ISBN 978-7-5685-3014-9　　定　价:29.80 元

本书如有印装质量问题,请与我社发行部联系更换。

前言 Preface

《电路分析实验教程》(第二版)是普通高等教育电气工程与自动化类课程规划教材之一。

“电路分析”是电气电子类各专业必修的技术基础课,也是非电类各专业电工与电子技术或电工学课程中不可缺少的组成部分,其配套的实验课是在整个教学环节中必不可少的组成因素。本教材正是为适应这一教学环节要求而编写的。

为了适应教学改革不断深入的需要,根据应用型人才培养的要求,本教材在理论教学的基础上,加强对学生应用能力和实践能力的培养。电路实验作为学习电路分析基础、电路原理、电工技术及电工学等理论课的一个重要实验教学环节,通过验证理论,对巩固和加深所学理论知识,增强感性认识,提高学生实际工作技能,培养分析和处理实际问题的能力和科学严谨作风,为学习后续课程和从事实践技术工作奠定基础具有重要作用。

本教材共4章,内容涵盖电路实验测试基本知识、直流电阻电路与基本测量、动态电路、正弦稳态电路、常用电子仪器设备等。第1章主要介绍测量误差、数据处理等电测量的基本知识;第2章主要介绍常用电子元器件及其检测;第3章主要介绍电路分析基础实验,共包含15个实验项目,不同的理论课可根据教学大纲要求选择适当的实验内容;第4章主要介绍常用电子仪器及实验设备,并且简单介绍了KHDG-1型高性能电工综合实验装置的结构组成及使用。

为响应教育部全面推进高等学校课程思政建设工作的要求,本教材编写团队深入推进党的二十大精神融入教材,不仅围绕专业育人目标,结合课程特点,注重知识传授能力培养与价值塑造统一,还体现了专业素养、科研学术道德等教育,立志做有理想、敢担当、能吃苦、肯奋斗的新时代好青年,让青春在全面建设社会主义现代化国家的火热实践中谱写绚丽华章。

本教材可作为高等院校工学电气电子类各专业“电路分析”课程的实验教材，非电类各专业“电工技术基础”课程的实验参考教材，高等职业教育、成人教育和网络教育等同类专业的实验课教材，也可作为工程技术人员工作实践中的参考资料。

本教材由蚌埠学院程荣龙任主编，蚌埠学院杨春兰、颜红参加了部分章节的编写工作。具体编写分工如下：第1、第2章由程荣龙编写，第3章由杨春兰编写，第4章由颜红编写。程荣龙负责全书的统稿和定稿工作。

在编写本教材的过程中，编者参考、引用和改编了国内外出版物中的相关资料以及网络资源，在此表示深深的谢意！相关著作权人看到本教材后，请与出版社联系，出版社将按照相关法律的规定支付稿酬。

由于作者的水平有限、经验不足，书中难免存在不足和疏漏之处，敬请读者批评指正，并将意见和建议反馈给我们，以便修订时改进。

编 者

2021年6月

所有意见和建议请发往：dutpbk@163.com

欢迎访问高教数字化服务平台：https://www.dutp.cn/hep/

联系电话：0411-84708445　84708462

Contents

目录

第1章 电测量的基本知识

1.1 实验误差分析及仪表的准确度

1.1.1 实验数据的误差分析

被测量有一个真值，它由理论给定或由计量标准规定。在实际测量该量时，由于受测量仪表、测量方法、环境条件或测量者能力等因素的限制，测量值与真值之间不可避免地存在误差，即测量误差。人们常用绝对误差、相对误差或有效数字来说明测量值的准确程度。作为一名工程技术人员，为了评定实验数据的精确性或误差，认清误差的来源及其影响，需要对实验的误差进行分析和讨论。应能正确分析误差产生的原因，采取措施减少误差，使测量结果更加准确；同时也应学会正确处理实验数据，最终得到正确的实验结果。

1. 误差的基本概念

测量是人类认识事物本质不可缺少的手段。通过测量和实验能使人们对事物获得定量的概念并发现事物的规律性。科学上很多新的发现和突破都是以实验测量为基础的。测量就是用实验的方法，将被测量与所选用作为标准的同类量进行比较，从而确定它的大小。

(1)真值与平均值

真值是待测物理量客观存在的确定值，也称为理论值或定义值。真值通常是无法测得的。在实验中，若测量的次数无限多时，根据误差的分布定律，正、负误差出现的概率相等。再细致地消除系统误差，将测量值加以平均，可以获得非常接近于真值的数值。但是实际上实验测量的次数总是有限的，用有限的测量值求得的平均值只能是近似真值，常用的平均值有以下几种：

①算术平均值

算术平均值是最常见的一种平均值。设 x_1、x_2、…、x_n 为各次测量值，n 代表测量次数，则算术平均值为

$$\bar{x}=\frac{x_1+x_2+\cdots+x_n}{n}=\frac{\sum_{i=1}^{n}x_i}{n} \tag{1-1}$$

②几何平均值

几何平均值是将一组 n 个测量值连乘并开 n 次方求得的平均值，即

$$\bar{x}_{几}=\sqrt[n]{x_1x_2\cdots x_n} \tag{1-2}$$

③均方根平均值

均方根平均值是将一组 n 个测量值平方和的平均值开平方后所求得的值，即

$$\bar{x}_{均}=\sqrt{\frac{x_1^2+x_2^2+\cdots+x_n^2}{n}}=\sqrt{\frac{\sum_{i=1}^{n}x_i^2}{n}} \tag{1-3}$$

④对数平均值

在化学反应、热量和质量传递中，其分布曲线多具有对数的特性，在这种情况下表征平均值常用对数平均值。

设两个变量 x_1 和 x_2，其对数平均值为

$$\bar{x}_{对}=\frac{x_1-x_2}{\ln x_1-\ln x_2}=\frac{x_1-x_2}{\ln\frac{x_1}{x_2}} \tag{1-4}$$

可以看出，变量的对数平均值总小于算术平均值。当 $x_1/x_2\leqslant 2$ 时，可以用算术平均值代替对数平均值。

当 $x_1/x_2=2$ 时，$\bar{x}_{对}=1.443$，$\bar{x}=1.50$，$(\bar{x}_{对}-\bar{x})/\bar{x}_{对}=4.2\%$，则 $x_1/x_2\leqslant 2$ 时，引起的误差不超过 4.2%。

介绍以上各平均值的目的是要从一组测量值中找出最接近真值的那个值。在化工实验和科学研究中，数据的分布多数属于正态分布，所以通常采用算术平均值。

(2)测量误差的来源

在任何测量中，由于各种主观和客观因素的影响，使得测量值不可能完全等于被测量的真值，而只是它的近似值。一般产生测量误差的原因如下：

①仪表误差：是指由于仪表的电气或机械性能不完善所产生的误差。

②使用误差(操作误差)：是指在使用仪表过程中，因安装、调节、布置、使用不当引起的误差。

③人身误差：是指由于人的感觉器官和运动器官的限制所造成的误差。

④环境误差：是指由于受到温度、湿度、大气压、电磁场、机械振动、声音、光、放射性等影响所造成的误差。

⑤方法误差：又称为理论误差，是指使用的测量方法不完善、理论依据不严密、对某些经典测量方法做了不适当的修改简化所产生的误差，即凡是在测量结果的表达式中没有

得到反映的因素，而实际上这些因素又起作用时所引起的误差。例如，用伏安法测量电阻时，若直接以电压表值与电流表值之比作为测量结果，而不计电表本身内阻的影响，就会引起方法误差。

(3)误差的分类

根据误差的性质和产生的原因，一般分为以下三类。

①系统误差

系统误差是指在测量和实验中未发觉或未确认的因素所引起的误差，而这些因素的影响结果永远朝一个方向偏移，其大小及符号在同一组实验测定中完全相同，当实验条件一经确定，系统误差就获得一个客观上的恒定值。

系统误差产生的原因：测量仪器不良或缺陷，如刻度不准，仪表零点未校正或标准表本身存在偏差等；实验方法不完善或者实验方法所依据的理论本身具有相似性，例如伏安法测电阻时未考虑电表内阻的影响等；周围环境的改变，如温度、压力、湿度等偏离校准值；实验人员的习惯和偏向，如读数偏高或偏低等引起的误差。当改变实验条件时，就能发现系统误差的变化规律。很多系统误差的变化很复杂，能否识别和消除系统误差，与实验者的经验有着密切的关系。针对仪器的缺点、外界条件变化影响的大小、个人的偏向，待分别加以校正后，系统误差是可以清除的。

②偶然误差

偶然误差是指同一被测物理量在多次测量过程中，绝对值和符号以不可预知的方式变化的误差，即它们的绝对值和符号的变化，时而大时而小，时正时负，没有确定的规律，这类误差称为偶然误差或随机误差。偶然误差是由于实验中各种因素的微小变化而产生的，难于明确，因而无法控制和补偿。但是，倘若对某一量值作足够多次的等精度测量后，就会发现偶然误差完全服从统计规律，误差的大小或正负的出现完全由概率决定，通常正方向误差和负方向误差出现的概率大体相等，数值小的误差出现的概率较大，数值很大的误差在没有出现错误的情况下，通常不会出现。因此，随着测量次数的增加，随机误差的算术平均值趋近于零，所以多次测量结果的算数平均值将更接近于真值。

③过失误差

过失误差是一种显然与事实不符的误差，它往往是由于实验人员粗心大意、过度疲劳和操作不正确等原因引起的。此类误差无规则可寻，只要加强责任感、多方警惕、细心操作，过失误差是可以避免的。

2. 精密度、准确度和精确度

反映测量值与真值接近程度的量，称为精确度(也称为精度)。它与误差大小相对应，测量的精度越高，其测量误差就越小。精度应包括精密度和准确度两层含义。

(1)精密度

测量中所测得数值重现性的程度，称为精密度。它反映偶然误差的影响程度，精密度高就表示偶然误差小。

(2)准确度

测量值与真值的偏移程度，称为准确度。它反映系统误差的影响程度，准确度高就表示系统误差小。

(3)精度

它反映测量中所有系统误差和偶然误差综合的影响程度。

在一组测量中,精密度高的准确度不一定高,准确度高的精密度也不一定高,若精度高,则精密度和准确度都高。

为了说明精密度与准确度的关系,可用下述打靶子例子来说明,如图 1-1 所示。图 1-1(a)表示精密度和准确度都很高,则精度高;图 1-1(b)表示精密度高,但准确度却不高;图 1-1(c)表示精密度与准确度都不高。在实际测量中没有像靶心那样明确的真值,而是设法去测定这个未知的真值。

在实验过程中,学生往往满足于实验数据的重现性,而忽略了数据测量值的准确程度。绝对真值是不可知的,人们只能制定出一些国际标准作为测量仪表准确性的参考标准。随着人类认识运动的推移和发展,数据测量值可以逐步逼近绝对真值。

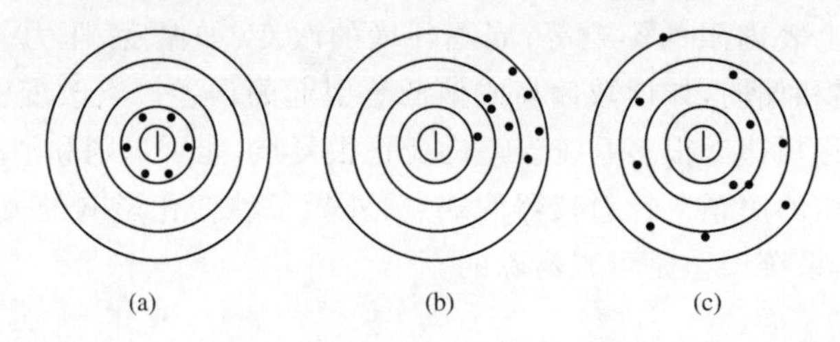

图 1-1 精密度和准确度的关系

3. 误差的表示方法

利用任何量具或仪表进行测量时,总存在误差,测量值总不可能准确地等于被测量的真值,而只是它的近似值。测量质量的高低以测量精度作指标,根据测量误差的大小来估计测量的精度。测量值的误差越小,则认为测量越精确。

(1)绝对误差

测量值 X 和真值 A_0 之差为绝对误差,通常称为误差,即

$$D=X-A_0 \tag{1-5}$$

由于真值 A_0 一般无法求得,因而式(1-5)只有理论意义。常用高一级标准仪表的示值作为实际值 A 以代替真值 A_0。由于高一级标准仪表存在较小的误差,因而 A 不等于 A_0,但总比 X 更接近于 A_0。X 与 A 之差称为仪表的示值绝对误差,即

$$d=X-A \tag{1-6}$$

与 d 相反的数称为修正值,即

$$C=-d=A-X \tag{1-7}$$

通过检定,可以由高一级标准仪表给出被检仪表的修正值 C。利用修正值便可以求出该仪表的实际值 A,即

$$A=X+C \tag{1-8}$$

(2)相对误差

衡量某一测量值的准确程度,一般用相对误差来表示。示值绝对误差 d 与被测量的实际值 A 的百分比称为实际相对误差,即

$$\delta_A = \frac{d}{A} \times 100\% \tag{1-9}$$

以仪表的测量值 X 代替实际值 A 的相对误差称为示值相对误差，即

$$\delta_X = \frac{d}{X} \times 100\% \tag{1-10}$$

一般来说，除了某些理论分析外，用示值相对误差较为适宜。

(3)引用误差

为了计算和划分仪表精度等级，从而提出引用误差的概念。其定义为仪表的示值绝对误差与量程范围之比，即

$$\delta_A = \frac{\text{示值绝对误差}}{\text{量程范围}} \times 100\% = \frac{d}{X_n} \times 100\% \tag{1-11}$$

式中　d——示值绝对误差；

X_n——标尺上限值－标尺下限值。

(4)算术平均误差

算术平均误差是各个测量点的误差的平均值，即

$$\delta_{平} = \frac{\sum_{i=1}^{n} |d_i|}{n} \tag{1-12}$$

式中　n——测量次数；

d_i——第 i 次测量的误差。

(5)标准误差

标准误差也称为均方根误差。其定义为

$$\sigma = \sqrt{\frac{\sum_{i=1}^{n} d_i^2}{n}}, \quad n \to \infty \tag{1-13}$$

式(1-13)适用于无限测量的场合。实际测量工作中，测量次数 n 是有限的，则改用下式

$$\sigma = \sqrt{\frac{\sum_{i=1}^{n} d_i^2}{n-1}} \tag{1-14}$$

标准误差不是一个具体的误差，σ 的大小只说明在一定条件下等精度测量集合所属的每一个测量值对其算术平均值的分散程度。σ 的值越小则说明每一次测量值对其算术平均值的分散程度越小，测量的精度越高；反之，σ 的值越大则说明每一次测量值对其算术平均值的分散程度越大，测量的精度越低。

1.1.2　测量仪表的精度

测量仪表的精度等级是用最大引用误差(又称为允许误差)来标明的。它等于仪表示值的最大绝对误差与仪表量程范围的百分比。

$$\delta_{\max}=\frac{示值最大绝对误差}{量程范围}\times100\%=\frac{d_{\max}}{X_n}\times100\% \tag{1-15}$$

式中 $\delta_{\max}$——仪表的最大引用误差；

$d_{\max}$——仪表示值的最大绝对误差；

X_n——标尺上限值－标尺下限值。

通常情况下是用标准仪表校验较低级的仪表。所以，示值的最大绝对误差就是被校仪表与标准仪表之间的最大绝对误差。

测量仪表的精度等级是国家统一规定的，把允许误差中的百分号去掉，剩下的数字就称为仪表的精度等级。仪表的精度等级常以圆圈内的数字形式标明在仪表的面板上。例如某台压力计的允许误差为1.5%，这台压力计电工仪表的精度等级就是1.5，通常简称为1.5级仪表。

仪表的精度等级为a，它表明仪表在正常工作条件下，其最大引用误差$\delta_{\max}$不能超过的界限，即

$$\delta_{\max}=\frac{d_{\max}}{X_n}\times100\%\leqslant a\% \tag{1-16}$$

由式(1-16)可知，在应用仪表进行测量时所能产生的最大绝对误差（简称为误差限）为

$$d_{\max}\leqslant a\%\cdot X_n \tag{1-17}$$

而用仪表测量的最大值相对误差为

$$\delta_{\max}=\frac{d_{\max}}{X_n}\leqslant a\%\cdot\frac{X_n}{X} \tag{1-18}$$

由上式可以看出，用指示仪表测量某一被测量所能产生的最大示值相对误差，不会超过仪表允许误差$a\%$乘以仪表的测量上限X_n与测量值X的比。在实际测量中为可靠起见，可用下式对仪表的测量误差进行估计，即

$$\delta_m=a\%\cdot\frac{X_n}{X} \tag{1-19}$$

例1-1 用量程为5 A，精度等级为0.5级的电流表，分别测量两个电流，$I_1=5$ A，$I_2=2.5$ A，试求测量I_1和I_2的相对误差为多少？

$$\delta_{m1}=a\%\times\frac{I_n}{I_1}=0.5\%\times\frac{5}{5}=0.5\%$$

$$\delta_{m2}=a\%\times\frac{I_n}{I_2}=0.5\%\times\frac{5}{2.5}=1.0\%$$

由此可见，当仪表的精度等级选定时，所选仪表的测量上限越接近被测量的值，则测量误差的绝对值越小。

例1-2 欲测量约90 V的电压，实验室现有0.5级0～300 V和1.0级0～100 V的电压表。问选用哪一种电压表进行测量较好？

用0.5级0～300 V的电压表测量90 V的相对误差为

$$\delta_{m0.5}=a_1\%\times\frac{U_n}{U}=0.5\%\times\frac{300}{90}=1.7\%$$

用 1.0 级 0～100 V 的电压表测量 90 V 的相对误差为

$$\delta_{m1.0}=a_2\%\times\frac{U_n}{U}=1.0\%\times\frac{100}{90}=1.1\%$$

上例说明，如果选择恰当，用量程范围适当的 1.0 级电压表比用量程范围较大的 0.5 级电压表能够得到更准确的测量结果。因此，在选用仪表时，应根据被测量的大小，在满足被测量数值范围的前提下，尽可能选择量程较小的仪表，并使测量值大于所选仪表满刻度的三分之二，即 $X>\frac{2}{3}X_n$。这样既可以满足测量误差的要求，又可以选择精度等级较低的测量仪表，从而降低仪表的成本。

1.2　实验数据的处理

1.2.1　有效数字及其运算规则

在科学与工程中，总是以一定位数的有效数字来表示测量或计算结果，但并不是数值中小数点后面的位数越多越准确。实验中从测量仪表上所读数值的位数是有限的，取决于测量仪表的精度，其最后一位数字往往是仪表精度所决定的估计数字，即一般应读到测量仪表最小刻度的十分之一位。数值准确度大小由有效数字位数来决定。

1. 有效数字

测量中常会遇到大量数据的读取、记录和运算。如果位数过多，将增加数据处理的工作量，而且会被误认为测量精度很高造成错误的结论。反之，位数过少，将丢失测量应有的精度，影响测量的准确度。因此在记录和计算测量数据时，必须掌握有效数字的正确取舍。所谓有效数字，是指从左边第一个非零的数字开始直到右边最后一位数字为止所包含的数字。对于有效数字有以下三点规定：

(1)数字 0 可以是有效数字，也可以不是有效数字。例如：40.70 mV 是四位有效数字，4.0 mV 是两位有效数字，0.040 7 V 是三位有效数字。

(2)如果某数值的最后几位都是 0，应根据有效数字写成不同的形式。例如：12 000 若取两位有效数字应写成 1.2×10^4 或者 12×10^3；若取三位有效数字，应写成 1.20×10^4、12.0×10^3 或 120×10^2。

(3)换算单位时，有效数字不能改变。例如：测得的频率为 0.016 5 MHz，可换算写成 16.5 kHz，都是三位有效数字。

为了清楚地表示数值的精度，明确读出有效数字的位数，常用指数的形式表示，即写成一个小数与相应 10 的整数幂的乘积。这种以 10 的整数幂来记数的方法称为科学记数法。

例如：75 200　　有效数字为四位时，记为 7.520×10^4

　　　　　　　　有效数字为三位时，记为 7.52×10^4

有效数字为二位时，记为 7.5×10^{4}

0.004 78　有效数字为四位时，记为 4.780×10^{-3}

有效数字为三位时，记为 4.78×10^{-3}

有效数字为二位时，记为 4.8×10^{-3}

2. 数字的舍入规则

传统的四舍五入法是有缺点的，因为 1 与 9，2 与 8，3 与 7，4 与 6 的舍入误差在舍入次数足够多时也可能抵消，而当被处理的数是 5 时，如果仍按四舍五入法，只入不舍就会产生较大的累积误差。因此，在测量技术中目前广泛地采用如下的舍入规则：

(1)舍弃部分大于所保留的末位单位数字的 0.5，则末位加 1。

(2)舍弃部分小于所保留的末位单位数字的 0.5，则舍掉而末位不变。

(3)舍弃部分等于所保留的末位单位数字的 0.5，则将末位凑成偶数。

即末位为偶数时(0,2,4,6,8)，末位不变；末位为奇数时(1,3,5,7,9)，末位加 1。

例如：下列各数均取四位有效数字时有：

3.141 59 则写成 3.142

8.672 36 则写成 8.672

6.314 50 则写成 6.314

4.103 501 则写成 4.104

3. 计算中各有效数字的运算规则

(1)记录测量数值时，只保留一位可疑数字。

(2)加减法运算规则。以其中小数点后位数最少的为准，其余各数均保留比它多一位。所得的最后结果与小数点后位数最少的位数相同。

例如：$8.23+5.0625+1.40178$ 则写成 $8.23+5.062+1.402$，$8.23+5.062+1.402=14.69$。

(3)乘除法运算规则。以各数中位数最少的为准，其余各数或乘积(或商)均比它多一位，而与小数点位置无关。

例如：$3.12\times1.81705\times3.6423\div0.007189$ 则写成 $3.12\times1.817\times3.642\div0.007189$，$3.12\times1.817\times3.642\div0.007189=2.872\times10^{3}$。

(4)对数运算。对数运算时，所取结果的首数不算有效数字，对数尾数位数应与真数位数相等。

例如：$\lg1.938=0.297322714=0.2973$，$\lg1938=0.297322714=3.297322714=3.2973$。

(5)平均值运算规则。若由四个数值以上数据组成则取其平均值，则平均值的有效位数可增加一位。

1.2.2 误差的基本性质及数据处理

在实验中通过直接测量或间接测量得到有关的参数数据，其可靠程度如何？如何提高其可靠性？因此，必须研究在给定条件下误差的基本性质和变化规律。

1. 误差的正态分布

如果测量数列中不包括系统误差和过失误差，从大量的实验中发现偶然误差的大小有如下几个特征：

（1）绝对值小的偶然误差比绝对值大的偶然误差出现的机会多，即偶然误差的概率与偶然误差的大小有关。这是偶然误差的单峰性。

（2）绝对值相等的正偶然误差或负偶然误差出现的次数相当，即偶然误差的概率相同。这是偶然误差的对称性。

（3）极大的正偶然误差或负偶然误差出现的概率都非常小，即大的偶然误差一般不会出现。这是偶然误差的有界性。

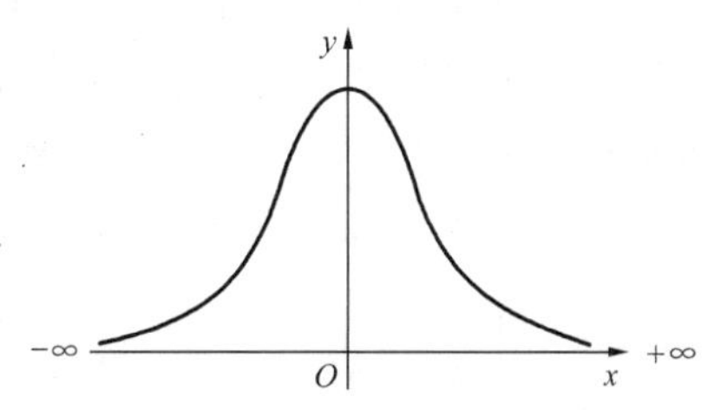

图 1-2　偶然误差概率分布

（4）随着测量次数的增加，偶然误差的算术平均值趋近于零。这是偶然误差的抵偿性。

根据上述误差特征，偶然误差概率分布如图 1-2 所示。图中横坐标表示偶然误差，纵坐标表示偶然误差出现的概率，图中曲线称为误差分布曲线，以 $y=f(x)$ 表示。其数学表达式由高斯提出，具体形式为

$$y=\frac{1}{\sqrt{2\pi}\sigma}\mathrm{e}^{-\frac{x^2}{2\sigma^2}} \tag{1-20}$$

或

$$y=\frac{h}{\sqrt{\pi}}\mathrm{e}^{-h^2x^2} \tag{1-21}$$

式(1-20)和式(1-21)称为高斯误差分布定律，也称为误差方程。其中 σ 为标准误差，h 为精度指数，σ 和 h 的关系为

$$h=\frac{1}{\sqrt{2}\sigma} \tag{1-22}$$

若误差按函数关系分布，则称为正态分布。σ 越小，测量精度越高，分布曲线的峰越高且越窄；σ 越大，分布曲线越平坦且越宽，如图 1-3 所示。由此可知，σ 越小，小误差占的比例越大，测量精度越高；反之，则大误差占的比例越大，测量精度越低。

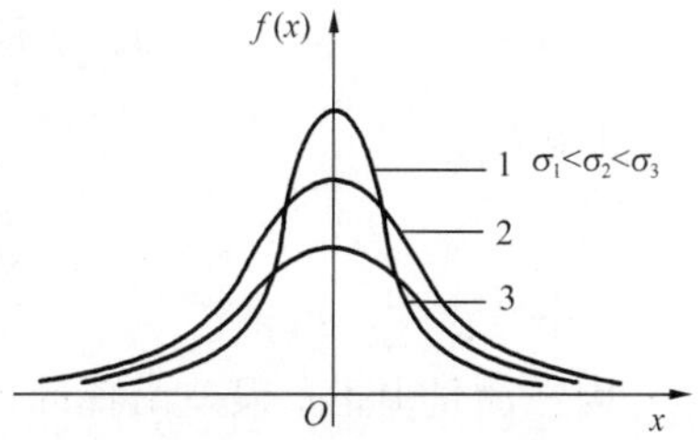

图 1-3　不同 $\boldsymbol{\sigma}$ 的误差分布曲线

2. 测量集合的最佳值

在测量精度相同的情况下，由一系列测量值 M_1，M_2，M_3，…，M_n 所组成的测量集合，假设其平均值为 $\overline{M}$，则各次测量误差近似为

$$x_i\approx M_i-\overline{M}\quad,\quad i=1,2,\cdots,n$$

当采用不同的方法计算平均值时，所得到误差值不同，误差出现的概率亦不同。若选取适

当的计算方法，使误差最小，且概率最大，由此计算的平均值为最佳值。根据高斯分布定律，只有各点误差平方和最小，才能实现概率最大，这就是最小乘法值。由此可见，对于一组精度相同的测量值，采用算术平均得到的值是该组测量值的最佳值。

3. 有限测量次数中标准误差 σ 的计算

由误差基本概念可知，误差是测量值和真值之差。在没有系统误差存在的情况下，以无限多次测量所得到的算术平均值为真值。当测量次数为有限时，所得到的算术平均值近似于真值，称为最佳值。因此，测量值与真值之差不同于测量值与最佳值之差。

令真值为 A，计算平均值为 a，测量值为 M，并令 $d=M-a$，$D=M-A$，则

$$d_1=M_1-a, D_1=M_1-A$$
$$d_2=M_2-a, D_2=M_2-A$$
$$\vdots$$
$$d_n=M_n-a, D_n=M_n-A$$
$$\sum d_i=\sum M_i-na, \sum D_i=\sum M_i-nA$$

因为 $\sum M_i-na=0$，则 $\sum M_i=na$，代入 $\sum D_i=\sum M_i-nA$ 中，即得

$$a=A+\frac{\sum D_i}{n} \tag{1-23}$$

将式(1-23)代入 $d_i=M_i-a$ 中得

$$d_i=(M_i-A)-\frac{\sum D_i}{n}=D_i-\frac{\sum D_i}{n} \tag{1-24}$$

将式(1-24)两边各平方得

$$d_1^2=D_1^2-2D_1\frac{\sum D_1}{n}+(\frac{\sum D_1}{n})^2$$
$$d_2^2=D_2^2-2D_2\frac{\sum D_2}{n}+(\frac{\sum D_2}{n})^2$$
$$\vdots$$
$$d_n^2=D_n^2-2D_n\frac{\sum D_n}{n}+(\frac{\sum D_n}{n})^2$$

对 i 求和得

$$\sum d_i^2=\sum D_i^2-2\frac{(\sum D_i)^2}{n}+n(\frac{\sum D_i}{n})^2$$

因在测量中正负误差出现的机会相等，故将$(\sum D_i)^2$展开后，$D_1\cdot D_2$、$D_1\cdot D_3$、…为正、为负的数目相等，彼此相消，故得

$$\sum d_i^2=\sum D_i^2-2\frac{\sum D_i^2}{n}+n\frac{\sum D_i^2}{n^2}$$
$$\sum d_i^2=\frac{n-1}{n}\sum D_i^2$$

从上式可以看出，在有限测量次数中，由算术平均值计算的误差平方和永远小于由真值计算的误差平方和。根据标准误差的定义有

$$\sigma = \sqrt{\frac{\sum D_i^2}{n}}$$

式中，$\sum D_i^2$ 代表测量次数为无限多时误差的平方和，故当测量次数有限时有

$$\sigma = \sqrt{\frac{\sum d_i^2}{n-1}} \tag{1-25}$$

4. 可疑测量值的舍弃

由概率积分可知，偶然误差正态分布曲线下的全部积分相当于全部误差同时出现的概率，即

$$p = \frac{1}{\sqrt{2\pi}\sigma}\int_{-\infty}^{\infty} e^{-\frac{x^2}{2\sigma^2}} dx = 1 \tag{1-26}$$

若误差 x 以标准误差 σ 的倍数表示，即 $x=t\sigma$，则误差出现在$[-t\sigma, t\sigma]$范围内的概率为 $2\Phi(t)$，超出这个范围的概率为 $1-2\Phi(t)$。$\Phi(t)$称为概率函数，表示为

$$\Phi(t) = \frac{1}{\sqrt{2\pi}}\int_0^t e^{-\frac{t^2}{2}} dt \tag{1-27}$$

在数学手册或专著中一般附有此类积分表，$2\Phi(t)$与 t 在取定时，可在该表中查到，读者需要时可自行查取。在使用积分表时，需已知 t 值。表 1-1 和图 1-4 给出几个典型及其相应的超出或不超出$|x|$的概率。

表 1-1　误差概率和出现次数

t	$\|x\|=t\sigma$	不超出$\|x\|$的概率 $2\Phi(t)$	超出$\|x\|$的概率 $1-2\Phi(t)$	测量次数 n	超出$\|x\|$的测量次数
0.67	0.67σ	0.497 14	0.502 86	2	1
1	σ	0.682 69	0.317 31	3	1
2	2σ	0.954 50	0.045 50	22	1
3	3σ	0.997 30	0.002 70	370	1
4	4σ	0.999 91	0.000 09	11 111	1

由表 1-1 可知，当 $t=3$，$|x|=3\sigma$ 时，在 370 次测量中只有一次测量的误差超过 3σ 范围。在有限次的测量中，一般测量次数不超过 10 次，可以认为误差大于 3σ，可能是由过失误差或实验条件变化未被发觉等原因引起。因此，凡是误差大于 3σ 的数据予以舍弃。这种判断可疑实验数据的原则称为 3σ 准则。

5. 函数误差

上述讨论的主要是直接测量的误差计算问题，但在许多场合下往往涉及间接测量的变量。所谓间接测量是指被测量与直接测量的变量之间有一定的函数关系，并通过直接测量的变量利用函数式计算出被测量的方法，如传热问题中的传热速率即间接测量的变量。因此，间接测量值就是直接测量得到的各个测量值的函数，其测量误差是各个直接测量值误差的函数。

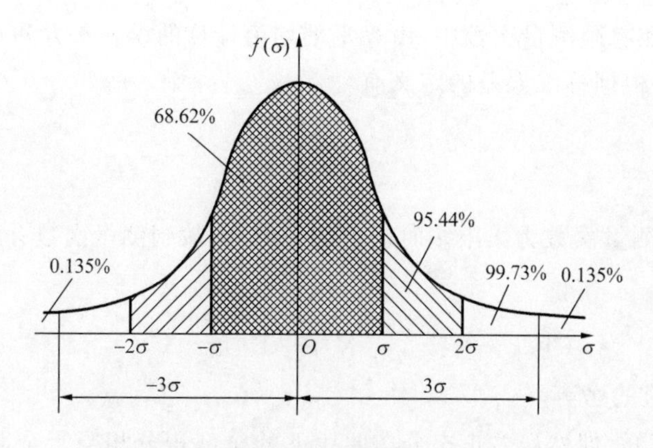

图 1-4 误差分布曲线的积分

(1)函数误差的一般形式

在间接测量中,直接测量的量与间接测量的量的函数关系一般为多元函数,可用下式表示

$$y=f\ (x_1,x_2,\cdots,x_n) \tag{1-28}$$

式中 y——间接测量值;

x_i——直接测量值,$i=1,2,\cdots,n$。

由泰勒级数展开得

$$\Delta y\approx\frac{\partial f}{\partial x_1}\Delta x_1+\frac{\partial f}{\partial x_2}\Delta x_2+\cdots+\frac{\partial f}{\partial x_n}\Delta x_n \tag{1-29}$$

或

$$\Delta y=\sum_{i=1}^{n}\frac{\partial f}{\partial x_i}\Delta x_i$$

它的最大绝对误差为

$$\Delta y=\pm\sum_{i=1}^{n}\left|\frac{\partial f}{\partial x_i}\Delta x_i\right| \tag{1-30}$$

式中 $\frac{\partial f}{\partial x_i}$——误差传递系数;

Δx_i——直接测量值的误差;

Δy——间接测量值的最大绝对误差。

函数的相对误差 δ 为

$$\begin{aligned}\delta=\frac{\Delta y}{y}&=\frac{\partial f}{\partial x_1}\frac{\Delta x_1}{y}+\frac{\partial f}{\partial x_2}\frac{\Delta x_2}{y}+\cdots+\frac{\partial f}{\partial x_n}\frac{\Delta x_n}{y}\\&=\frac{\partial f}{\partial x_1}\delta_1+\frac{\partial f}{\partial x_2}\delta_2+\cdots+\frac{\partial f}{\partial x_n}\delta_n\end{aligned} \tag{1-31}$$

(2)某些函数误差的计算

①函数 $y=x\pm z$ 的绝对误差和相对误差

由于误差传递系数$\frac{\partial f}{\partial x}=1$,$\frac{\partial f}{\partial z}=\pm1$,则函数的最大绝对误差为

$$\Delta y=\pm(|\Delta x|+|\Delta z|) \tag{1-32}$$

当 $y=x+z$ 时,相对误差为

$$\delta_r = \frac{\Delta y}{y} = \pm \frac{|\Delta x| + |\Delta z|}{x+z} \tag{1-33}$$

当 $y=x-z$ 时，相对误差为

$$\delta_r = \frac{\Delta y}{y} = \pm \frac{|\Delta x| + |\Delta z|}{x-z}$$

②函数 $y=K\frac{xz}{w}$（x、z、w 为变量）的最大绝对误差和最大相对误差

误差传递系数为

$$\frac{\partial y}{\partial x} = \frac{Kz}{w}\quad , \quad \frac{\partial y}{\partial z} = \frac{Kx}{w}\quad , \quad \frac{\partial y}{\partial w} = -\frac{Kxz}{w^2}$$

函数的最大绝对误差为

$$\Delta y = \left|\frac{Kz}{w}\Delta x\right| + \left|\frac{Kx}{w}\Delta z\right| + \left|\frac{Kxz}{w^2}\Delta w\right| \tag{1-34}$$

函数的最大相对误差为

$$\delta_r = \frac{\Delta y}{y} = \left|\frac{\Delta x}{x}\right| + \left|\frac{\Delta z}{z}\right| + \left|\frac{\Delta w}{w}\right| \tag{1-35}$$

现将某些常用函数的最大绝对误差和最大相对误差列于表 1-2 中。

表 1-2　　某些函数的误差传递公式

函数式	误差传递公式	
	最大绝对误差 Δy	最大相对误差 δ_r
$y=x_1+x_2+x_3$	$\Delta y=\pm(\lvert\Delta x_1\rvert+\lvert\Delta x_2\rvert+\lvert\Delta x_3\rvert)$	$\delta_r=\Delta y/y$
$y=x_1+x_2$	$\Delta y=\pm(\lvert\Delta x_1\rvert+\lvert\Delta x_2\rvert)$	$\delta_r=\Delta y/y$
$y=x_1x_2$	$\Delta y=\pm(\lvert x_1\Delta x_2\rvert+\lvert x_2\Delta x_1\rvert)$	$\delta_r=\pm\left\lvert\frac{\Delta x_1}{x_1}+\frac{\Delta x_2}{x_2}\right\rvert$
$y=x_1x_2x_3$	$\Delta y=\pm(\lvert x_1x_2\Delta x_3\rvert+\lvert x_1x_3\Delta x_2\rvert+\lvert x_2x_3\Delta x_1\rvert)$	$\delta_r=\pm\left\lvert\frac{\Delta x_1}{x_1}+\frac{\Delta x_2}{x_2}+\frac{\Delta x_3}{x_3}\right\rvert$
$y=x^n$	$\Delta y=\pm nx^{n-1}\Delta x$	$\delta_r=\pm n\left\lvert\frac{\Delta x}{x}\right\rvert$
$y=\sqrt[n]{x}$	$\Delta y=\pm\frac{1}{n}x^{\frac{1}{n}-1}\Delta x$	$\delta_r=\pm\frac{1}{n}\left\lvert\frac{\Delta x}{x}\right\rvert$
$y=x_1/x_2$	$\Delta y=\pm\frac{x_2\Delta x_1+x_1\Delta x_2}{x_2^2}$	$\delta_r=\pm\left\lvert\frac{\Delta x_1}{x_1}+\frac{\Delta x_2}{x_2}\right\rvert$
$y=cx$	$\Delta y=\pm\lvert c\Delta x\rvert$	$\delta_r=\pm\left\lvert\frac{\Delta x}{x}\right\rvert$
$y=\lg x$	$\Delta y=\pm\left\lvert 0.4343\frac{\Delta x}{x}\right\rvert$	$\delta_r=\Delta y/y$
$y=\ln x$	$\Delta y=\pm\left\lvert\frac{\Delta x}{x}\right\rvert$	$\delta_r=\Delta y/y$

例 1-3 量热器测定固体比热容时采用的公式为

$$C_p=\frac{M(t_2-t_0)}{m(t_1-t_2)}C_{pH_2O} \tag{1-36}$$

式中 M——量热器内水的质量；

m——被测固体的质量；

t_0——测量前水的温度；

t_1——放入量热器前固体的温度；

t_2——测量时水的温度；

C_{pH_2O}——水的比热容，4.187 J/(g·℃)。

测量结果如下：

$$M=250\ \text{g}\pm0.2\ \text{g}, m=62.31\ \text{g}\pm0.02\ \text{g}$$

$$t_0=13.52\ ℃\pm0.01\ ℃, t_1=99.32\ ℃\pm0.04\ ℃, t_2=17.79\ ℃\pm0.01\ ℃$$

试求被测固体比热容的真值，并确定能否提高测量精度。

解：根据题意，计算函数的真值，需计算各变量的绝对误差和误差传递系数。为了简化计算，令 $\theta_0=t_2-t_0=4.27$ ℃，$\theta_1=t_1-t_2=81.53$ ℃。

式(1-36)改写为

$$C_p=\frac{M\theta_0}{m\theta_1}C_{pH_2O}$$

各变量的绝对误差为

$$\Delta M=0.2\ \text{g}, \Delta\theta_0=|\Delta t_2|+|\Delta t_0|=0.01+0.01=0.02$$

$$\Delta m=0.02\ \text{g}, \Delta\theta_1=|\Delta t_2|+|\Delta t_1|=0.04+0.01=0.05$$

各变量的误差传递系数为

$$\frac{\partial C_p}{\partial M}=\frac{\theta_0 C_{pH_2O}}{m\theta_1}=\frac{4.27\times4.187}{62.31\times81.53}=3.52\times10^{-3}$$

$$\frac{\partial C_p}{\partial m}=-\frac{M\theta_0 C_{pH_2O}}{m^2\theta_1}=-\frac{250\times4.27\times4.187}{62.31^2\times81.53}=-1.41\times10^{-2}$$

$$\frac{\partial C_p}{\partial \theta_0}=\frac{MC_{pH_2O}}{m\theta_1}=\frac{250\times4.187}{62.31\times81.53}=0.206$$

$$\frac{\partial C_p}{\partial \theta_1}=-\frac{M\theta_0 C_{pH_2O}}{m\theta_1^2}=-\frac{250\times4.27\times4.187}{62.31\times81.53^2}=-1.08\times10^{-2}$$

函数的绝对误差为

$$\begin{aligned}\Delta C_p&=\frac{\partial C_p}{\partial M}\Delta M+\frac{\partial C_p}{\partial m}\Delta m+\frac{\partial C_p}{\partial \theta_0}\Delta\theta_0+\frac{\partial C_p}{\partial \theta_1}\Delta\theta_1\\&=3.52\times10^{-3}\times0.2-1.41\times10^{-2}\times0.02+0.206\times0.02-1.08\times10^{-2}\times0.05\\&=0.704\times10^{-3}-0.282\times10^{-3}+4.12\times10^{-3}-0.54\times10^{-3}\\&=4.00\times10^{-3}\ \text{J/(g·℃)}\\&=0.004\ \text{J/(g·℃)}\end{aligned}$$

$$C_p=\frac{250\times4.27}{62.31\times81.53}\times4.187=0.880\ \text{J/(g·℃)}$$

故真值为

$$C_p=0.880\ \mathrm{J/(g\cdot ℃)}\pm0.004\ \mathrm{J/(g\cdot ℃)}$$

由有效数字位数考虑以上的测量结果精度已满足要求。若不仅考虑有效数字位数，尚需从比较各变量的测量精度，确定是否有可能提高测量精度。则本例可从分析比较各变量的相对误差着手。

各变量的相对误差分别为

$$\delta_M=\frac{\Delta M}{M}=\frac{0.2}{250}=8\times10^{-4}=0.08\%$$

$$\delta_m=\frac{\Delta m}{m}=\frac{0.02}{62.31}=3.21\times10^{-4}=0.032\%$$

$$\delta_{\theta_0}=\frac{\Delta\theta}{\theta_0}=\frac{0.02}{4.27}=4.68\times10^{-3}=0.468\%$$

$$\delta_{\theta_1}=\frac{\Delta\theta}{\theta_1}=\frac{0.05}{81.53}=6.13\times10^{-4}=0.0613\%$$

其中以θ_0的相对误差(0.468%)为最大，是M的5.85倍，是m的14.63倍。为了提高C_p的测量精度，可改善θ_0的测量仪表的精度，即提高测量水温的温度计精度，如采用贝克曼温度计，分度值可达0.002，精度为0.001，则其相对误差为

$$\delta_{\theta_0}=\frac{0.002}{4.27}=4.68\times10^{-4}=0.0468\%$$

由此可见，变量的精度基本相当。提高θ_0精度后，C_p的绝对误差为

$$\begin{aligned}\Delta C_p&=3.52\times10^{-3}\times0.2-1.41\times10^{-2}\times0.02+0.206\times0.002-1.08\times10^{-2}\times0.05\\&=0.704\times10^{-3}-0.282\times10^{-3}+0.412\times10^{-3}-0.54\times10^{-3}\\&=2.94\times10^{-4}\ \mathrm{J/(g\cdot ℃)}\\&\approx0.0003\ \mathrm{J/(g\cdot ℃)}\end{aligned}$$

系统提高精度后，C_p的真值为

$$C_p=0.8798\ \mathrm{J/(g\cdot ℃)}\pm0.0003\ \mathrm{J/(g\cdot ℃)}$$

1.3　实验数据的分析整理和实验报告

1.3.1　实验数据的分析整理

1. 实验数据的列表汇总分析

根据实验具体要求记录实验数据，填入数据记录表中，并进行适当的分析计算，得出实验结论及改进的措施等。

列表汇总数据就是将实验数据中各自变量的数值按照一定的规则和顺序列成表格，或者将被测量的多次测量指列成一适当表格，以提高数据处理的效率，减少和避免错误，

避免不必要的重复和计算,有利于计算和误差分析。

2. 测量数据结果的图形处理

根据需要,数据分析可用图形法表示。图形法可以直观地说明某些因素之间的关系,看出函数的变化规律,例如递增规律或递减规律、最大值或最小值等。尤其是多个变量的函数,如三极管的输入特性、输出特性都是二变量函数,用曲线来表示这些量之间的关系,不但直观明了,而且通过作图可解决三极管电路中的一些问题,如最佳工作点、放大器的非线性失真等,这样给分析和设计三极管电路带来了极大的方便。因此,根据测量数据画出曲线,也是学习的重要内容。

根据不同的需要,图形法有直角坐标法、单对数法、双对数法等,但使用最多的是直角坐标法。直角坐标法将横坐标作为自变量,纵坐标作为对应的函数值。将各实验数据描绘成曲线时应尽可能使曲线通过数据点,一般不能逐点连接、不能成为折线,应以数据点的变化趋势将尽可能多的数据点连接成曲线,曲线以外的数据点应尽量接近曲线,两侧的数据点数目大致相等,最后连成一条很平滑的曲线。

作图时一般应做到以下三点:

(1)选坐标

横坐标代表自变量,纵坐标代表应变量。坐标轴末端近旁标明所代表的物理量及其单位。

(2)正确分度

分度是否恰当,关系到能否反映函数关系。图上坐标读数的有效数字应大体上与实验数据的有效数字位数相同。分度应以不用计算就能直接读出图线上某点的坐标为准,所以通常取 1、2、5、10 等,而不取 3、7、9 等。如果实验数据特别大或特别小,可在数值中标出乘积因子,如 10^5 或 10^{-2},放在坐标轴端点。

(3)描迹(连点)

由于实验数据不醒目且易被描成曲线后遮盖,或者在同一坐标图中有几条曲线时数据点极易混淆,因此通常是以该数据为中心,用“+”“×”“□”“◇”等符号来标明数据点,同一种曲线上的各数据点应采用同一种符号,不同的曲线采用不同的符号,但最后应在图纸的空白处注明符号所代表的内容。

连点时除对严重偏离曲线的个别点应舍去外,应使尽可能多的点通过曲线,并使数据点均匀地分布于曲线两侧。

1.3.2 实验报告的要求和格式

实验报告是为了培养和训练学生进行书面总结实验结果或报告科学实验成果的能力,是实验结果的总结及图文报告。实验报告应该字迹清楚,文理通顺,图标正确,数据记录及计算分析完整,实验结论明确,需要提出实验中存在或改进的问题等。

实验前必须预习实验指导书，明确实验目的，了解实验原理和内容，熟悉实验所需仪表的使用，掌握实验步骤及注意事项。预习时要写预习报告，画好原始记录表格。表格、电路图要工整。预习报告包括以下内容：

(1)实验目的。

(2)实验仪器、设备。应注明所用仪器设备的名称、型号、规格等。

(3)实验原理。在对实验基本原理理解的基础上，简要叙述实验原理，画出实验原理图，并列出测量和计算所使用的基本原理表达式等。

(4)实验内容和步骤。明确实验内容，根据实际的实验过程条理清晰的写出电路建立过程、实验操作的步骤及安全注意要点。必须的计算和一些问题的回答。

(5)实验记录及数据处理。列表对原始数据或波形的进行记录。根据实验目的要求完成对实验数据计算、图形绘制及误差分析。分析计算应有清晰的计算过程和明确的实验室结果。

(6)注意事项。做完实验后，在预习报告的基础上，进一步完善与总结实验报告，其内容包括：

①实验数据的整理、误差分析；

②实验测得的曲线，附坐标纸描绘；

③总结和讨论。

每次实验报告连同实验原始记录装订后，于下一次实验时交给老师。

第 2 章 常用电子元器件及其检测

电子元器件是电路中具有独立电气功能的基本单元。元器件在各类电子产品中占有重要位置，特别是一些通用电子元器件，更是电子产品不可缺少的基本材料。电子元器件分为线性电子元器件和非线性电子元器件。常见的线性电子元器件主要有电阻器、电位器、电容器和电感器等。

2.1 电阻器和电位器

2.1.1 电阻器

电阻器通常简称为电阻，是电子元器件中应用最广泛的一种，在电子设备中占电子元器件总数的 30%以上，其质量的好坏对电路工作的稳定性有极大影响。它的主要用途是稳定和调节电路中的电流和电压，其次还作为分流器、分压器或负载使用。

1. 电阻器的分类

电阻器在电子产品中是一种必不可少的电子元器件。它的种类繁多，形状各异，功率不同，也具有不同的分类方式。

(1)按结构形式分类

电阻器按结构形式可分为固定电阻器和可变电阻器两大类。

固定电阻器的阻值是固定不变的，其大小就是它的标称阻值。固定电阻器可分为较多的种类，主要有碳质电阻器、碳膜电阻器、金属膜电阻器和线绕电阻器等。固定电阻器常用字母 R 表示。

可变电阻器即阻值可变的电阻器，称为电位器或可变电阻器。

(2)按制作材料及工艺分类

电阻器按制作材料及工艺可分为线绕电阻器、金属膜电阻器、碳质电阻器等。

(3)按用途分类

电阻器按用途可分为精密电阻器、高频电阻器、高压电阻器、大功率电阻器、热敏电阻器、光敏电阻器、熔断电阻器等。

2. 常用的电阻器

(1)碳膜电阻器

碳膜电阻器是最早、最广泛使用的电阻器。它是气态碳氢化合物在高温和真空中分解出的碳,沉积在瓷棒或瓷管上,形成一层结晶碳膜。改变碳膜厚度和用刻槽的方法变更碳膜的长度,可以得到不同的阻值。其主要特点是精度高、高频特性好、耐高温,常在精密仪表等高档设备上使用。

(2)金属膜电阻器

金属膜电阻器是在真空中加热合金,合金蒸发,使瓷棒表面形成一层导电金属膜。通过刻槽和改变金属膜厚度可以控制阻值。与碳膜电阻器相比,金属膜电阻器体积小、噪声低、稳定性好,但成本较高,常在精密仪表等高档设备上使用。

(3)线绕电阻器

线绕电阻器是用康铜或者镍铬合金电阻丝,在陶瓷骨架上绕制而成的。这种电阻器分为固定和可变两种。它的特点是工作稳定,耐热性能好,误差范围小,适用于大功率的场合,额定功率一般在 1 W 以上。但其高频特性差,这主要是因为分布电感较大。常在低频精密仪表中广泛使用。

(4)光敏电阻器

光敏电阻器是一种电导率随吸收的光量子多少而变化的敏感电阻器。它是利用半导体的光电效应特性而制成的。其阻值随光照的强弱而变化。光敏电阻器主要用于各种自动控制、光电计数、光电跟踪等设备中。

(5)热敏电阻

热敏电阻器是一种对温度敏感元件,按照温度系数不同分为正温度系数热敏电阻器(PTC)和负温度系数热敏电阻器(NTC)。在应用方面不仅可以作为测量元件(如温度、流量、液位等测量),还可以作为控制元件(如热敏开关、限流器)和电路补偿元件,广泛用于家用电器、电力工业、通讯、军事科学、宇航等各个领域,发展前景极其广阔。

3. 电阻器的主要性能参数及标识

(1)电阻器的主要性能参数

电阻器最主要的性能参数是阻值和额定功率。

①阻值的单位:阻值的国际单位是欧姆,用 Ω 表示。除欧姆外,常用的阻值单位还有千欧(kΩ)和兆欧(MΩ)。当 $R<1\,000\ \Omega$ 时,用 Ω 表示;当 $1\,000\ \Omega \leqslant R<1\,000\ \text{k}\Omega$ 时,用 kΩ 表示;当 $R\geqslant 1\,000\ \text{k}\Omega$ 时,用 MΩ 表示。

②标称阻值:标称阻值是指电阻器表面所标示的阻值。除特殊定做的以外,其阻值范围应符合国家标准规定的标称阻值系列。目前国家标准规定的标称阻值有三大系列,即E24、E12、E6,其中E24系列最全,见表2-1。

表 2-1　标称阻值系列

系　列	允许误差	标称阻值
E24	±5%	1.0,1.1,1.2,1.3,1.5,1.6,1.8,2.0,2.2,2.4,2.7,3.0,3.3,3.6,3.9,4.3,4.7,5.1,5.6,6.2,6.8,7.5,8.2,9.1
E12	±10%	1.0,1.2,1.5,1.8,2.2,2.7,3.3,3.9,4.7,5.6,6.8,8.2
E6	±20%	1.0,1.5,2.2,3.3,4.7,6.8

标称阻值往往与实际阻值有一定偏差,这个偏差与标称阻值的百分比称为电阻器的误差,最大允许偏差范围称为允许误差。误差越小,电阻器精度越高。电阻器的精度等级见表2-2。

表 2-2　电阻器的精度等级

精度等级	005	01	02	Ⅰ	Ⅱ	Ⅲ
允许误差	±0.5%	±1%	±2%	±5%	±10%	±20%

③额定功率:在规定的环境温度和湿度下,假定周围空气不流通,在长期连续负载而不损坏或基本不改变性能的情况下,电阻器上允许消耗的最大功率称为电阻器的额定功率。为保证安全使用,一般选电阻器的额定功率比它在电路中消耗的功率高1～2倍。额定功率分为19个等级,常用的有0.05 W、0.125 W、0.25 W、0.5 W、1 W、2 W、3 W、5 W、7 W、10 W。在电路图中,非线绕电阻器部分额定功率的符号表示如图2-1所示。

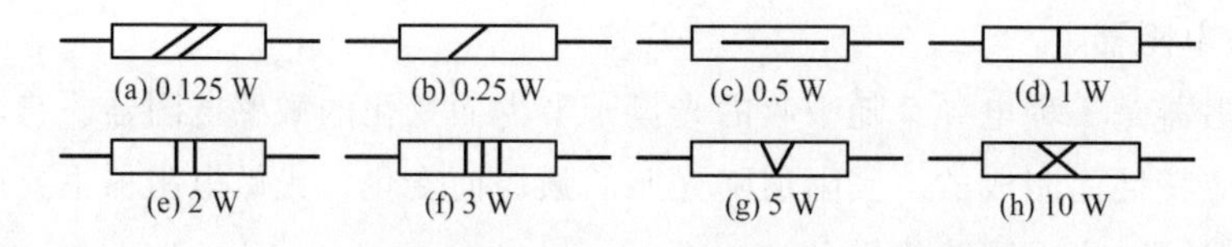

图 2-1　非线绕电阻器部分额定功率的符号表示

(2)电阻器的标识

电阻器阻值的标识方法通常有直标法、文字符号法、色环法和数码法。下面分别进行介绍。

①直标法:直接用数字表示电阻器的阻值和允许误差。例如,6.8 kΩ±5%,表示阻值为6.8 kΩ,允许误差为±5%。

②文字符号法:用数字和文字符号或两者有规律的组合来表示电阻器的阻值。文字符号Ω、k、M前面的数字表示阻值的整数部分,文字符号后面的数字表示阻值的小数部分。例如,2k6表示阻值为2.6 kΩ。

③色环法:用不同颜色的色环表示电阻器的阻值和允许误差。常见的色环电阻器有四环电阻器和五环电阻器两种。其中五环电阻器属于精密电阻器。四环电阻器色环颜色与数值对照表见表2-3,五环电阻器色环颜色与数值对照表见表2-4。

表 2-3　　四环电阻器色环颜色与数值对照表

色环颜色	第一条色环 第一位有效数字	第二条色环 第二位有效数字	第三条色环 倍率	第四条色环 允许误差
棕	1	1	$\times10^{1}$	±1%
红	2	2	$\times10^{2}$	±2%
橙	3	3	$\times10^{3}$	—
黄	4	4	$\times10^{4}$	—
绿	5	5	$\times10^{5}$	±0.5%
蓝	6	6	$\times10^{6}$	±0.25%
紫	7	7	$\times10^{7}$	±0.1%
灰	8	8	$\times10^{8}$	±0.05%
白	9	9	$\times10^{9}$	—
黑	—	0	$\times10^{0}$	—
金	—	—	$\times10^{-1}$	±5%
银	—	—	$\times10^{-2}$	±10%

表 2-4　　五环电阻器色环颜色与数值对照表

色环颜色	第一条色环 第一位有效数字	第二条色环 第二位有效数字	第三条色环 第三位有效数字	第四条色环 倍率	第五条色环 允许误差
棕	1	1	1	$\times10^{1}$	±1%
红	2	2	2	$\times10^{2}$	±2%
橙	3	3	3	$\times10^{3}$	—
黄	4	4	4	$\times10^{4}$	—
绿	5	5	5	$\times10^{5}$	±0.5%
蓝	6	6	6	$\times10^{6}$	±0.25%
紫	7	7	7	$\times10^{7}$	±0.1%
灰	8	8	8	$\times10^{8}$	±0.05%
白	9	9	9	$\times10^{9}$	—
黑	—	0	0	$\times10^{0}$	—
金	—	—	—	$\times10^{-1}$	±5%
银	—	—	—	$\times10^{-2}$	±10%

四环电阻器和五环电阻器的表示法举例如图 2-2 所示。在实际应用中，读取色环电阻器的阻值时，色环靠近引出端最近的一环为第一环，四环电阻器多以金色作为误差环，五环电阻器多以棕色作为误差环。然而，当色环电阻器标识不清或个人辨色能力弱时，只能用万用表测量。

④数码法：用三位数码表示电阻器的阻值，单位为 Ω。数码自左至右，前两位为有效数字，第三位是倍率 i，即表示乘以 10^{i}（$i=1\sim9$，整数）。例如，122 表示阻值为 12×10^{2} Ω，即 1 200 Ω。此方法多用于贴片电阻器中。

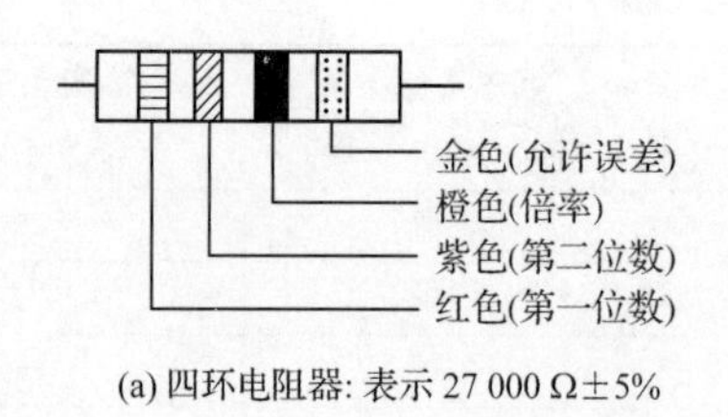

(a) 四环电阻器: 表示 27 000 Ω±5%

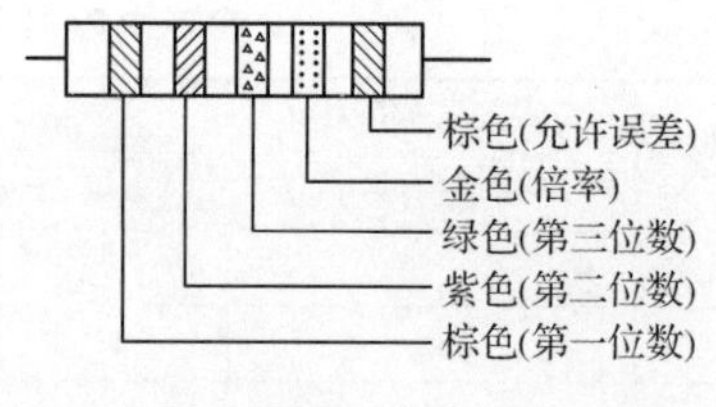

(b) 五环电阻器: 表示17.5 Ω±1%

图 2-2　四环电阻器和五环电阻器的表示法举例

4. 电阻器的简单检测

用万用表检测电阻器时，将两表笔(不分正负)分别与电阻器的两端引脚相接即可测出电阻器的实际阻值。为了提高测量精度，应根据被测电阻器标称阻值的大小来选择量程。由于万用表欧姆挡刻度的非线性关系，它的中间一段分度较为精细，因此应使指针指示值尽可能落到刻度的中段位置，即全刻度中间的(20％～80％)刻度范围内，以使测量更准确。根据电阻器误差等级不同，读数与标称阻值之间分别允许有±5％、±10％或±20％的误差。如不相符，即超出误差范围，则说明该电阻器损坏了。

测量时，特别是在测量几十千欧以上阻值的电阻器时，手不要触及表笔和电阻器的导电部分；被检测的电阻器从电路中焊下来，至少要焊开一个头，以免电路中的其他元器件对测量产生影响，造成测量误差。

5. 电阻器的选用

选用电阻器时，因电阻器有多种类型，选择哪一种材料和结构的电阻器，应根据应用电路的具体要求而定。

高频电路应选用分布电感和分布电容小的非线绕电阻器，例如碳膜电阻器、金属膜电阻器等。

高增益小信号放大电路应选用低噪声电阻器，例如金属膜电阻器、碳膜电阻器和线绕电阻器，而不能使用噪声较大的合成碳膜电阻器和有机实心电阻器。

线绕电阻器的功率较大，电流噪声小，耐高温，但体积较大。普通线绕电阻器常用于低频电路中，作为限流电阻器、分压电阻器、泄放电阻器或大功率管的偏压电阻器。精度较高的线绕电阻器多用于固定衰减器、电阻箱、计算机及各种精密电子仪器、仪表中。

所选电阻器的阻值应接近应用电路中电阻器阻值的计算值，应优先选用国家标准规定的标称阻值系列的电阻器。一般电路使用的电阻器允许误差为±5％～±10％。精密仪器及特殊电路中使用的电阻器，应选用精密电阻器。所选电阻器的额定功率要符合应用电路中对电阻器功率容量的要求，一般不应随意加大或减小电阻器的功率。若电路要求是功率型电阻器，则其额定功率可高于实际应用电路要求功率 1～2 倍。

2.1.2 电位器

电位器是可变电阻器的一种，通常由电阻体与转动或滑动系统组成，即靠一个动触点在电阻体上移动，获得部分电压输出。因此，组成电位器的关键零件是电阻体和电刷。

1. 电位器的分类

电位器可按电阻体的材料分类，如线绕、合成碳膜、金属玻璃釉、有机实心和导电塑料等类型，其电性能主要取决于所用的材料。此外，还有用金属箔、金属膜和金属氧化膜制成电阻体的电位器，多具有特殊用途。电位器按使用特点分类，可分为通用、高精度、高分辨力、高阻、高温、高频、大功率等特性的电位器。电位器按阻值调节方式分类，可分为可调型、半可调型和微调型电位器，后两者又称为半固定电位器。为克服电刷在电阻体上移动接触对电位器性能和寿命带来的不利影响，又有无触点非接触式电位器，如光敏和磁敏电位器等，供少量特殊应用。

2. 常用的电位器

(1)线绕电位器

结构：用合金电阻丝在绝缘骨架上绕制成电阻体，中心抽头的簧片在电阻丝上滑动。根据用途，可制成普通型、精密型和微调型电位器；根据阻值变化规律，有线性、非线性两种。

特点：具有精度高、稳定性好、温度系数小、接触可靠等优点，并且耐高温，功率负荷能力强。缺点是阻值范围不够宽、高频性能差、分辨力不高，而且高阻值的线绕电位器易断线、体积较大、售价较高。

(2)合成碳膜电位器

结构：在绝缘基体上涂敷一层合成碳膜，经加温聚合后形成碳膜片，再与其他零件组合而成。根据阻值变化规律，有线性、非线性两种。

特点：具有阻值范围宽、阻值变化连续、分辨力较强、工艺简单、价格低廉等优点。缺点是滑动噪声大，对温度和湿度的适应性差，使用寿命短。这类电位器宜作为函数式电位器，在收音机、电视机等消费类电子产品中大量应用。采用印刷工艺可使碳膜片的生产实现自动化。

(3)有机实心电位器

结构：由导电材料与有机填料、热固性树脂配制成电阻粉，经过热压，在基座上形成实心电阻体。

特点：具有结构简单、耐高温、体积小、寿命长、可靠性高等优点，广泛焊接在电路板上作微调使用。缺点是耐压低、噪声大。

(4)导电塑料电位器

结构：其电阻体由碳墨、石墨、超细金属粉与邻苯二甲酸、二烯丙酯塑料和胶黏剂塑压而成。

特点：具有阻值范围宽、线性精度高、分辨力强等优点，而且耐磨，寿命特别长。虽然它的温度系数和接触电阻较大，但仍能用于自动控制仪表中的模拟和伺服系统。

(5)多圈精密可调电位器

结构：分为带指针、不带指针等形式，调整圈数有 5 圈、10 圈等数种。

特点：除具有线绕电位器的特点外，还具有线性优良、能进行精细调整等优点，可广泛应用于对电阻实行精密调整的场合。

3. 电位器的主要性能参数及标识

(1)电位器的主要性能参数

电位器的主要性能参数很多，但一般来说，最主要的几项基本指标有标称阻值、额定功率、滑动噪声、分辨力、机械零位电阻、阻值变化规律、启动力矩与转动力矩、电位器轴长与轴端结构等。

①标称阻值：标在产品上的名义阻值，是指其两固定端间的阻值，其系列与电阻器标称系列相同。根据不同精度等级，实际阻值与标称阻值之间的允许误差为±20%、±10%、±5%、±2%、±1%，精密电位器的允许误差可达±0.1%。

②额定功率：电位器的额定功率是指两个固定端之间允许耗散的最大功率。一般电位器的额定功率系列为 0.063 W、0.125 W、0.25 W、0.5 W、1 W、2 W、3 W。在相同体积下，线绕电位器的额定功率比一般电位器的额定功率大，其额定功率系列为 0.5 W、0.75 W、1 W、1.6 W、3 W、5 W、10 W、16 W、25 W、40 W、63 W、100 W。应特别注意，电位器的附近容易因为电流过大而烧毁，滑动端与固定端之间所能承受的功率要小于电位器的额定功率。

③滑动噪声：当电刷在电阻体上滑动时，电位器中心端与固定端之间的电压出现无规则的起伏，这种现象称为电位器的滑动噪声。它是由材料电阻率分布不均匀以及电刷滑动时接触电阻的无规律变化引起的。

④分辨力：对输出量可实现的最精细的调节能力，称为电位器的分辨力。线绕电位器的分辨力较差。

⑤机械零位电阻：当电位器的滑动端处于机械零位时，滑动端与一个固定端之间的阻值应该是零。但由于接触电阻和引出电阻的影响，机械零位的阻值一般不是零。在某些应用场合，必须选择机械零位阻值小的电位器种类。

⑥阻值变化规律：调整电位器的滑动端，其阻值按照一定规律变化。常见电位器的阻值变化规律有线性变化(X 型)、指数变化(Z 型)和对数变化(D 型)三种，如图 2-3 所示。线性变化电位器适用于电阻值调节均匀变化的场合，如分压电路；指数变化电位器适宜人耳感觉特性，多用在音量控制电路中；对数变化电位器在开始转动时阻值变化很大，在转角接近最大阻值时，阻值变化缓慢，此种电位器多用在音调控制及对比度调节电路中。

⑦启动力矩与转动力矩：启动力矩是指转轴在旋转范围内启动时所需要的最小力矩，转动力矩是指转轴维持匀速旋转时所需要的力矩，这两者相差越小越好。在自控装置中

与伺服电机配合使用的电位器要求启动力矩小，转动灵活；而用于电路调节的电位器，其启动力矩和转动力矩都不应该太大。

⑧电位器轴长与轴端结构：电位器的轴长是指从安装基准面到轴端的尺寸。轴长尺寸系列有 6 mm、10 mm、12.5 mm、16 mm、25 mm、30 mm、40 mm、50 mm、63 mm、80 mm。轴的直径系列有 ϕ2 mm、ϕ3 mm、ϕ4 mm、ϕ6 mm、ϕ8 mm、ϕ10 mm。

常用电位器的轴端结构是根据调节旋钮的要求确定的，通常有光轴、开槽、滚花、单平面或双平面等多种形式。

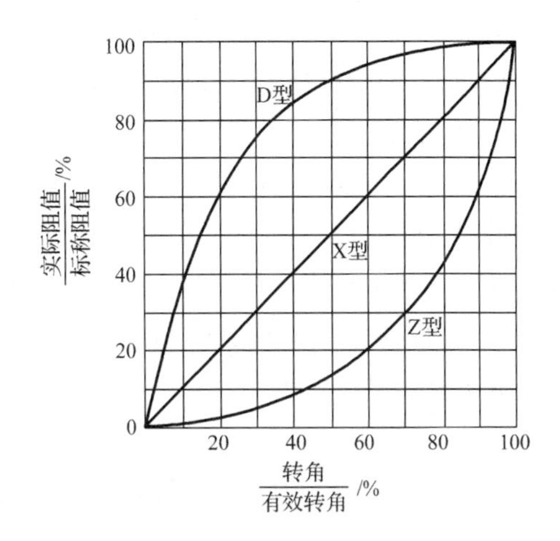

图 2-3　电位器阻值变化规律

(2)电位器的标识

一般使用文字或数字表示电位器的型号、种类、额定功率、标称阻值、误差、轴长及轴端结构等。

如：

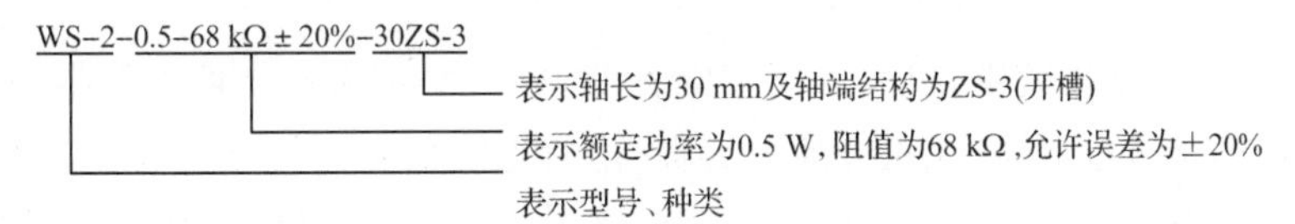

4. 电位器的简单检测

电位器在使用过程中，由于旋转频繁而容易发生故障，这些故障常表现为有噪声、声音时大时小、电源开关失灵等。通常可用万用表等来检测电位器的质量。

(1)用万用表欧姆挡测量电位器的两个固定端的电阻，并用万用表指示阻值与标称阻值比较。如果指示阻值比标称阻值大得多，表明电位器已坏；如指示阻值的数值跳动，表示电位器内部接触不好。

(2)测量电位器滑动端与固定端的阻值变化情况。移动滑动端，如阻值从最小到最大之间连续变化，而且最小值越小，最大值越接近标称阻值，说明电位器质量较好；如果阻值间断或不连续，说明电位器滑动端接触不良。

(3)用电位器滑动噪声测量仪判断电位器质量好坏。

5. 电位器的选用

(1)选用电位器时，应根据电子设备的技术指标和电路的具体要求选择电位器的材料、结构、类型、规格和调节方式；选择合适的参数，如额定功率、标称阻值、允许误差、最高工作电压等。电位器的额定功率可按固定电阻器的功率公式计算，但公式中的阻值应取电位器的最小阻值，电流值应取阻值为最小时流过电位器的电流值。

(2)选用电位器时，应该注意尺寸大小、旋转轴柄的长短、轴上是否需要锁紧装置等。

经常调节的电位器，应选择轴端铣成平面的，以便安装旋钮；不经常调整的，可选择轴端带有刻槽的；一经调好就不再变动的，可选择带锁紧装置的电位器。

(3)应依据电位器阻值变化规律选择：在不同的电路中，应选用不同的阻值变化规律的电位器。如电源电路中的电压调节、放大电路的工作点调节，均应选择线性变化电位器；音调控制用电位器应采用对数变化电位器，音量控制用电位器应采用指数变化电位器或用线性变化电位器代替，但不宜使用对数变化电位器。

(4)电位器还需选轴旋转灵活、松紧适当、无机械噪声的。对于带开关的电位器还应检查开关是否良好。

2.2 电容器

电容器通常简称为电容，是由两个金属电极中间夹一层绝缘材料构成的。它是一种储能元件，在电路中具有交流耦合、旁路、滤波和信号调谐等作用。

2.2.1 电容器的分类

通常电容器按结构分类，可分为固定电容器、可变电容器和微调电容器；按电介质分类，可分为有机介质电容器、无机介质电容器、电解电容器和空气介质电容器等；按用途分类，可分为高频旁路电容器、低频旁路电容器、滤波电容器、调谐电容器、高频耦合电容器、低频耦合电容器等。

2.2.2 常用的电容器

1. 有机介质电容器

随着现代高分子合成技术的进步，新的有机介质薄膜不断出现，有机介质电容器发展很快。除了传统的纸介、金属化纸介电容器外，常见的涤纶薄膜、聚苯乙烯薄膜电容器等均属此类。

(1)纸介电容器

结构：以纸作为绝缘介质、以金属箔作为电极板卷绕而成，如图 2-4 所示。

特点：纸介电容器是生产历史最悠久的一种电容器，它的制造成本低，容量范围大，耐压范围宽(36 V～30 kV)，但体积大，损耗大，因而只适用于直流或低频电路中。由于其他有机介质的迅速发展，现在，纸介电容器已被淘汰。

(2)金属化纸介电容器

结构：在电容器纸上用蒸发技术生成一层金属膜作为电极，卷制后封装而成，有单向和双向两种引线方式。

特点：成本低、容量大、体积小，在相同耐压和容量的条件下，其体积仅相当于纸介电容器的 1/4。这种电容器的电气参数与纸介电容器基本一致，其突出特点是受到高压击穿后能够自愈，其电气性能可恢复到击穿前的状态。但绝缘性能差，电容值不稳定，等效电感和损耗都较大，适用于频率和稳定性要求不高的电路中。现在，金属化纸介电容器也已经很少见到。

(3)有机薄膜电容器

结构：与纸介电容器基本相同，区别在于介质材料不是纸，而是有机薄膜。有机薄膜在这里只是一个统称，具体又分为涤纶薄膜、聚丙乙烯薄膜等多种。有机薄膜电容器如图 2-5 所示。

特点：此种电容器，无论体积、质量，还是电气参数，都比纸介电容器或金属纸介电容器优越得多。最常见的涤纶薄膜电容器的体积小，容量范围大，耐热、耐湿性好；稳定性不高，但比低频瓷介或金属化纸介电容器好，宜作为旁路电容器使用。

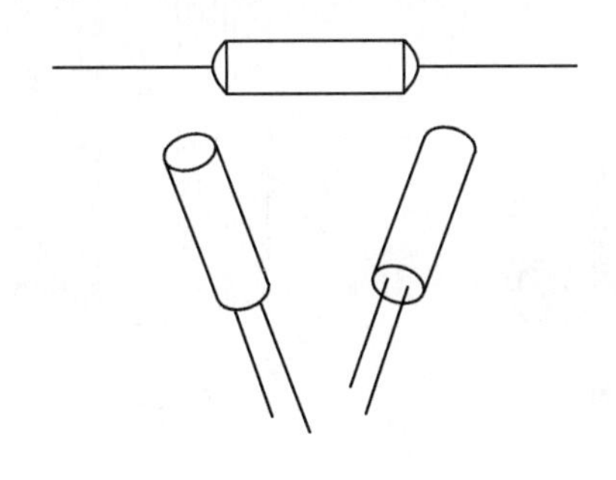

图 2-4　纸介电容器

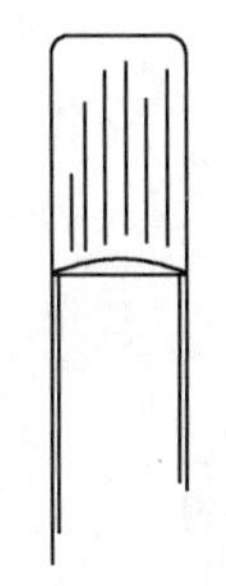

图 2-5　有机薄膜电容器

2. 无机介质电容器

陶瓷、云母和玻璃等材料均可制成无机介质电容器。

(1)瓷介电容器

瓷介电容器的品种很多，按介质材料可分为高介电常数瓷介电容器和低介电常数瓷介电容器；按工作频率可分为高频瓷介电容器和低频瓷介电容器；按工作电压又可分为高压瓷介电容器和低压瓷介电容器。瓷介电容器的外形结构也是多种多样的，常见的有圆片形、管形、穿心式、筒形以及叠片式等。

结构：瓷介电容器又称陶瓷电容器，它以陶瓷为介质，涂敷金属薄膜(一般为银)，经高温烧结而形成电极，再在电极上焊上引出线，外表涂以保护磁漆，或用环氧树脂及酚醛树脂包封，即成为瓷介电容器，如图 2-6 所示。

特点：由于电容器的介质材料为陶瓷，所以耐热性能良好，不容易老化；能耐酸、碱及盐类的腐蚀，抗腐蚀性好；绝缘性能好，可制成高压电容器。

低频陶瓷材料的介电常数大，因而低频瓷介电容器的体积小、容量大。高频陶瓷材料的损耗角正切值与频率的关系很小，因而在高频电路可选用高频瓷介电容器。

(2)云母电容器

结构:云母电容器的介质为云母片,用金属箔或者在云母片上喷涂银层做电极板,电极板和云母一层一层叠合后,再压铸在胶木粉或封固在环氧树脂中制成。其外形如图2-7所示。

特点:云母电容器的介质损耗小,绝缘电阻大、温度系数小,宜用于高频电路。

(3)玻璃电容器

结构:玻璃电容器如图 2-8 所示,它是以玻璃为介质,目前常用的有玻璃独石和玻璃釉两种。玻璃独石电容器是把玻璃薄膜与金属电极交替叠合后热压成整体而成;玻璃釉电容器的介质是玻璃釉粉加压制成的薄片。因玻璃釉粉有不同的配制工艺方法,因而可获得不同性能的介质,也就可以制成不同性能的玻璃釉电容器。

特点:玻璃电容器具有生产工艺简单、成本低、体积小、损耗较小等特点,耐温性和抗湿性也较好。它能在 200 ℃高温下长期稳定地工作,是一种高稳定性电容器。

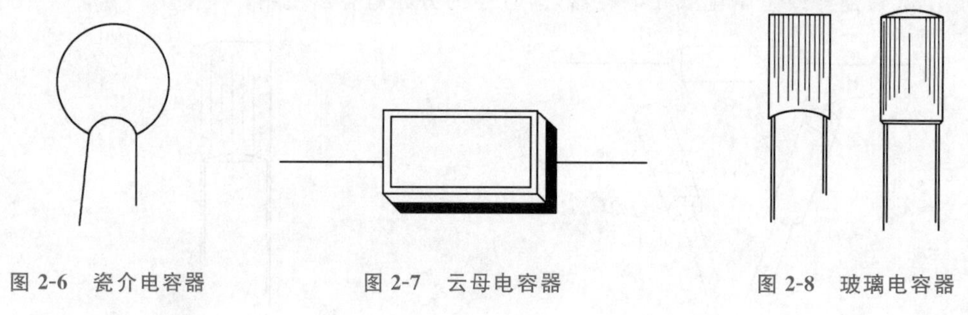

图 2-6　瓷介电容器　　图 2-7　云母电容器　　图 2-8　玻璃电容器

3. 电解电容器

电解电容器通常由金属箔(铝/钽)作为正电极,金属箔的氧化膜(氧化铝/氧化钽)作为电介质。电解电容器按其正电极的不同分为铝电解电容器和钽电解电容器。

(1)铝电解电容器

结构:由铝圆筒作负极,里面装有液体电解质,插入一片弯曲的铝带作正极制成。还需要经过直流电压处理,使正极片上形成一层氧化膜做介质。

特点:容量大,但漏电大,误差大,稳定性差,常用作交流旁路和滤波,在要求不高时也用于信号耦合。电解电容有正、负极之分,使用时不能接反。

(2)钽电解电容器

结构:用金属钽作正极,用稀硫酸等配液作负极,用钽表面生成的氧化膜作介质制成。

特点:由于钽及其氧化物的物理性能稳定,所以它与铝电解电容器相比,具有体积小、容量大、漏电小、绝缘电阻大、性能稳定、寿命长、温度及频率特性好等优点,但其成本高、额定工作电压低,主要应用在要求较高的设备中。

2.2.3　电容器的主要性能参数及标识

1. 电容器的主要性能参数

电容器的主要性能参数通常有标称容量与误差、额定工作电压、绝缘电阻、温度系数、损耗和频率特性等。

(1)标称容量与误差

标示在电容器上的容量称为标称容量。电容器实际容量与标称容量之间允许存在一定偏差,这个偏差与标称容量的百分比称为电容器的误差,最大允许偏差范围称为允许误差。误差的大小反映了电容器的精度。电容器的精度等级见表 2-5。一般电容器常用Ⅰ、Ⅱ、Ⅲ级,电解电容器用Ⅳ、Ⅴ、Ⅵ级,根据用途选取。

表 2-5　电容器的精度等级

精度等级	00	0	Ⅰ	Ⅱ	Ⅲ	Ⅳ	Ⅴ	Ⅵ
允许误差	±1%	±2%	±5%	±10%	±20%	+20% −10%	+50% −20%	+50% −30%

(2)额定工作电压

额定工作电压是指电容器在规定的温度范围内,能够连续可靠工作而不致被击穿的最高电压,俗称耐压。额定工作电压与电容器的介质和环境温度有关,环境温度不同,电容器能承受的最高工作电压也不同。常用的固定电容器额定工作电压有 6.3 V、10 V、16 V、25 V、50 V、63 V、100 V、400 V、500 V、630 V、1 000 V、2 500 V。额定工作电压一般直接标识在电容器上,但有些电解电容器采用色环法标识,位置靠近正极引出线的根部,各颜色所代表的意义见表 2-6。

表 2-6　电容器额定工作电压的色环标识

颜　色	黑	棕	红	橙	黄	绿	蓝	紫	灰
额定工作电压/V	4	6.3	10	16	25	32	40	50	63

(3)绝缘电阻

加在电容器上的直流电压与产生的漏电流之比称为绝缘电阻。电容器的绝缘电阻与电容器的介质材料和面积、引线材料和长短、制造工艺、温度和湿度等因素有关。对于同一种介质的电容器,容量越大,绝缘电阻越小。

电容器绝缘电阻的大小和变化会影响电子设备的工作性能,对于一般的电子设备选择电容器的绝缘电阻越大越好。

(4)温度系数

温度的变化会引起电容器容量的微小变化,通常用温度系数表示电容器的这种特性。温度系数是指在一定温度范围内,温度每变化 1 ℃ 时电容器容量变化的相对值。

(5)损耗

电容器在电场作用下,在单位时间内因发热所消耗的能量称为损耗。电容器介质的绝缘性能取决于材料及厚度,绝缘电阻越大,漏电流越小。漏电流将使电容器损耗电能,即损耗介质,也即损耗功率或有功功率。此外,电容器还具有存储的无功功率。为确切描述电容器的损耗特性,通常用损耗功率与电容器无功功率之比,即损耗角的正切值来表示。损耗角越大,电容器的损耗越大,损耗较大的电容器不适宜在高频情况下工作。

(6)频率特性

电容器的频率特性是指电容器在各种不同频率的情况下的性能,即电容器的电参数随电路工作频率的变化而变化的情况。不同介质材料的电容器,其最高工作频率也不同。容量较大的电容器,如电解电容器只能在低频电路中正常工作;而容量较小的电容器,如高频瓷介电容器或云母电容器等只能使用在高频电路中。

2. 电容器的标识

电容器的识别方法包括直标法、色环法和数码法。

(1)直标法

将电容器的容量、额定工作电压、允许误差直接标注在电容器的外壳上。其中允许误差一般用字母表示,常见的表示允许误差的字母有 J(±5%)、K(±10%)等。例如,47nJ100 表示 47 nF,允许误差为±5%,额定工作电压为 100 V。

当电容器所标容量没有单位,用数字直接标识时,读取容量时注意:

用大于 1 的两位以上的数字,表示单位为 pF。例如,100 表示 100 pF;51 表示 51 pF。

用小于 1 的数字表示单位为 μF。例如,0.1 表示 0.1 μF;0.22 表示 0.22 μF。

对于容量小的电容器,其容量用字母和数字表示。例如,1P2 表示 1.2 pF;5P 表示 5 pF;1 m 表示 1 mF,即 1 000 μF。

(2)色环法

这种标识法与电阻器的色环法类似,颜色涂于电容器的一端或从顶端向引线排列。色环一般只有三种颜色,前两环为有效数字,第三环为倍率,单位为 pF。有时色环较宽,如红红橙,两个红色环涂成一个宽的红色环,表示 22 000 pF。

(3)数码法

一般用三位数字来表示容量的大小,单位为 pF。前两位为有效数字,第三位为倍率 i,即表示乘以 10^i(i=1~9,整数)。例如,223 表示容量为 22×10^3 pF;又如,479 表示容量为 47×10^9 pF。这种表示方法最为常见。

2.2.4 电容器的简单检测

电容器容量的测量,可用电容测量仪或万用表。几百皮法以下的小电容器可用高频

Q表，但通常也可用万用表进行定性的质量检测。电容器的绝缘电阻的测量，应根据其额定电压的高低分别选用万用表或兆欧表。

由于一般电路对电容器容量的允许误差较宽，而用万用表能方便地检测电容器的质量情况，故采用万用表检测有较大的实用价值。

1. 固定电容器的检测

(1)固定电容器绝缘电阻的检测

对于容量大于5 000 pF的电容器，一般使用万用表的$R\times10$ k挡。将两表笔接至电容器的两极，表头指针应先向顺时针方向跳动一下，然后逐渐地向逆时针方向复原，即退回到$R=\infty$处，这是电容器充电的过程。如果不能不复原，则稳定后的读数值即该电容器绝缘电阻的值，一般为几百至几千兆欧。其绝缘电阻值越大，绝缘性能越好。若数字万用表显示绝缘电阻在几百千欧以下或指针式万用表的指针停在距∞较远的位置，则表明电容器漏电严重，不能使用；若绝缘电阻为零，则说明漏电损坏或内部击穿。

对于容量小于5 000 pF的电容器，由于充电时间短、充电电流小，所以直接用万用表欧姆挡检测电容器观察不到跳动，这时只能定性测试是否短路或严重漏电。

(2)固定电容器容量的检测

对5 000 pF以上的非电解电容器，可用万用表判断它有无容量，并粗略估计其容量大小。将万用表置于$R\times10$ k挡，将两表笔接至电容器两电极时，表头指针应先向顺时针方向跳动一下，然后逐渐地向逆时针方向复原；两表笔交换后再测，表头指针会再次跳动，且跳动幅度更大，而后又逐渐地复原，这表示电容器有容量。容量越大，表头指针跳动幅度越大，复原速度则越慢。根据表头指针跳动的幅度可粗略估计该电容器的容量。

2. 电解电容器的检测

(1)电解电容器漏电电阻的检测

一般使用万用表的$R\times1$ k或$R\times100$挡。将黑表笔接电解电容器的正极，红表笔接电解电容器的负极，此时笔头指针向顺时针方向偏转，然后逐渐向逆时针方向退到稳定的电阻数值时，该值即电解电容器的绝缘电阻值。

检测时如果表头指针靠近零欧姆，表示电容器短路；如果表头指针毫无反应，始终指在$R=\infty$处，表示电容器内开路或失效。

(2)电解电容器极性的检测

使用电解电容器时，正、负极性不能接错。当电解电容器上“+”“-”标记无法辨认时，可根据正向连接时绝缘电阻大、反向连接时绝缘电阻小的特点判断其极性。先测量一次电解电容器的绝缘电阻值，然后交换表笔再测量一次，两次测量中绝缘电阻大的一次，其黑表笔接的是电解电容器的正极。

3. 可变电容器碰片和漏电的检测

将万用表置于$R\times10$ k挡，两表笔分别接至可变电容器的动片和定片上，缓慢地来回旋动可变电容器的转轴，若表头指针始终不动，则表示无碰片或漏电现象；若旋转到某一角度，表头指针下降到零欧姆，则表示此处碰片；若表头指针有一定指示或细微晃动，则表示有漏电现象。

2.2.5 电容器的选用

电容器的种类繁多，性能指标各异，合理选用电容器对产品设计十分重要。

1. 不同电路中电容器的选择

在电路各级之间的耦合，多选用金属化纸介电容器或涤纶薄膜电容器；在电源滤波、去耦电路中，宜选择铝电解电容器；在高频电路和要求电容量稳定的电路中，应选用高频瓷介电容器、云母电容器或钽电解电容器；在谐振电路中，可选用云母电容器、瓷介电容器和有机薄膜电容器；在调谐电路中，可选用空气介质可变电容器或小型密封可变电容器。

2. 电容器额定工作电压的选择

不同类型的电容器有不同的额定工作电压系列，所选电容器的额定工作电压一般应该高于电容器实际工作电压1～2倍。不论选择何种电容器，都不能使其额定工作电压低于电路中实际工作电压的峰值，否则电容器将被击穿。但也不是使其额定工作电压越高越好，额定工作电压高的电容器不仅成本高，而且体积也大。

3. 电容器容量及精度等级的选择

电容器在电路中的作用各不相同，某些特殊场合（如振荡、定时电路）要求一定的容量精度，误差应尽可能小，一般应小于5%；而在更多场合，误差可以很大，例如电路中的耦合和旁路电容器，容量相差很大也没关系。

4. 电容器体积和比率电容的选择

在产品设计中，一般都希望产品体积小、质量轻，特别是元器件密度较高的电路中，更需要使用小型电容器。单位体积的容量称为电容器的比率电容，单位为F/m^3，即

$$\text{比率电容}=\frac{\text{容量}}{\text{电容体积}}$$

比率电容越大，电容器的体积越小，其价格也越高。

5. 成本的选择

由于各类电容器的生产工艺相差很大，因此价格也相差很大。在满足产品技术需求的条件下，应尽可能选用价格低廉的电容器，以降低产品成本。

2.2.6 超级电容器简介*

1. 超级电容器基本概念

超级电容器（Super Capacitor），也称为电化学电容器（Elrctrochemicai Capacitors），是20世纪七八十年代发展起来的一种介于常规电容器与化学电池之间的新型储能器件，

由美国学者贝克首先提出将电容器作为储能元件。其能量的储存主要是通过计划电解质，储能过程不仅高度可逆，而且是物理变化过程。因此，超级电容器既能反复充放电，又不会对比电容产生任何影响。

2. 超级电容器工作原理

超级电容器主要由阴阳两个电极、电解质溶液、分离器和集流器等组成，其中浸在点至溶液中的分离器是阴阳电极保持分离。根据电荷储存原理的不同，超级电容器可分为双电层电容器、法拉第赝电容器和混合超级电容器。下面主要介绍双电层电容器和法拉第赝电容器的工作原理。

(1)双电层电容器的基本原理

双电层电容器是通过电极与电解液形成的界面双电层来收集电荷从而实现储存能量的功能。当电极与电解溶液相接触时，因为界面间分子力库仑力、以及原子力的相互作用，因此会在固液交界面处形成一种稳定并且极性相反的界面双电层电荷。若充电时，在两个电极间施加一个电压，由于载流子的漂移，正极板会聚集大量负离子，则负极板也同时聚集大量正离子，因此则在两极板形成极性相反的双电荷层。充电完成，若撤除外加电场，电解液中的阴阳离子与极板上的正负电荷相互吸引形成稳定的结构，维持两极板间电势差的稳定。当连接上负载电容器放电时，由于政府电极存在电势差，将有电流产生，电荷从正极经负载流向负极。同时，双电层中被吸引的阴阳离子脱离库仑力的束缚，分散在电解液中，双电层逐步消失，能量被释放。工作原理如图 2-9 所示。

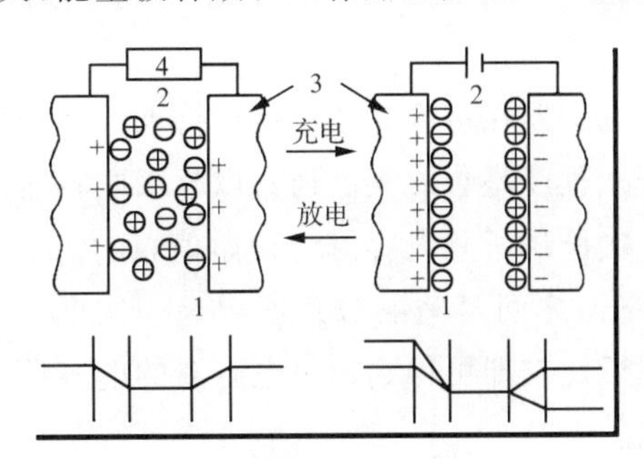

图 2-9　双电层电容器工作原理图

1—双电层；2—电解液；3—极板；4—负载

(2)法拉第赝电容器的基本原理

法拉第赝电容器的储能机理与双电层超级电容器不同，它的电极材料一般选用具有一定化学活性的过渡金属氧化物、氢氧化物和导电聚合物等。充电时，极板电势发生变化，吸引电解液中的阴阳离子到极板表面，与被活化的电极材料发生快速可逆的法拉第氧化还原反应，或者发生欠电位沉积，从而达到储存电能的效果。放电时，极板处又发生相应的逆反应，使电容器恢复初始的状态，能量被释放。其工作原理如图 2-10 所示。

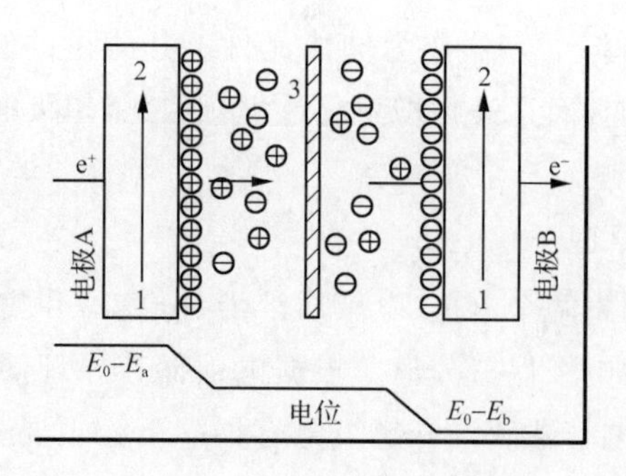

图 2-10 双电层电容器工作原理图

3. 超级电容器的主要性能指标

(1)比电容

超级电容器的比电容分为两种,一种是质量比电容,即单位质量的电容值;另一种是体积比电容,即单位体积的电容值。

(2)能量密度和功率密度

能量密度和功率密度是表征超级电容器性能的主要指标,能量密度越大,表示超级电容器储存的电能越多;功率密度越大,表示超级电容器在单位时间能够释放的能量越多。

(3)内阻

超级电容器的内阻是指正极电容与负极电容间的串联电阻,它与电极材料、电解液和组装方式等都有较大的关系。一般来说,较小的内阻有利于超级电容器性能的提升。

(4)循环稳定性

循环稳定性是指超级电容器在多次充放电后保持点穴性能程度的能力。主要表现在多次充放电后电容值的衰减程度是否过大。通常以超级电容器循环充放电数千次后电容值衰减程度标定。以第一次循环所测电容值为初始值,循环数千次充放电后所测的电容值为最终值,初始值与最终值之间每间隔数百次记录一次电容值,可绘制电容值变化曲线。将初始值与最终值进行比较即可得到超级电容器的电容保持率。

4. 超级电容器的应用

20 世纪 80 年代,日本 NEC 公司生产超级电容器用于电动汽车的启动系统。由于超级电容器具有高功率密度、使用寿命长、温度范围宽、可靠性高等优点,因此被广泛应用于电动汽车、混合动力汽车、电子类备用电源、再生能源及电力回收系统和军用装备储能系统等领域。

在国际超级电容器市场中日本的 Panasonic、Elna、Nec-Tokin 公司,韩国的 Ness、Korchip、Nuintek 公司,俄罗斯的 Econd 和 Elit 公司以及美国的 Maxwell、Tecate 公司占据了大量份额。在国内生产超级电容器的主要厂家有北京合众汇能、北京集星、上海奥威、东阳光科、中车株洲电力机车和锦州凯美能源等企业。

2.3　电感器

电感器俗称电感或者电感线圈，是利用电磁感应原理把漆包线在绝缘骨架绕制而成的一种能够储存磁场能量的元器件，在电路中具有阻流、变压及传送信号的作用。电感器的应用范围广泛，是振荡、调谐、耦合、滤波、延迟、偏转等电路的必要元件。

2.3.1　电感器的分类

电感器有多种不同的分类方式：按电感量变化情况，可分为固定电感器和可变电感器两种；按导磁体性质，可分为空芯电感器、铁氧体电感器、铁芯电感器、铜芯电感器；按绕制结构，可分为单层电感器、多层电感器和蜂房式电感器；按工作特征，可分为天线电感器、振荡电感器、扼流电感器、陷波电感器、偏转电感器；按工作频率和过电流大小，分为高频电感器、功率电感器等。

2.3.2　常用的电感器

1. 小型固定电感器

小型固定电感器通常是用漆包线在磁芯上直接绕制而成的，具有体积小、质量轻、耐振动、耐冲击、防潮性能好、安装方便等特点。其主要用在滤波、振荡、陷波、延迟等电路中。它有密封式和非密封式两种封装形式，两种形式又都有立式和卧式两种外形结构。

(1)立式密封式固定电感器

立式密封式固定电感器采用同向型引脚。国产的有 LG 和 LG2 等系列电感器，其电感量范围为 0.1～2 200 μH(直接标在外壳上)，额定工作电流范围为 0.05～1.6 A，允许误差范围为±5%～±10%。进口的有 TDK 系列色码电感器，其电感量用色点标在电感器外壳上。

(2)卧式密封式固定电感器

卧式密封式固定电感器采用轴向型引脚。国产的有 LG1、LGA、LGX 等系列。LG1 系列电感器的电感量范围为 0.1～22 000 μH(直接标在外壳上)，额定工作电流范围为 0.05 ～1.6 A，允许误差范围为±5%～±10%。LGA 系列电感器采用超小型结构，外形与0.5 W 色环电阻器相似，其电感量范围为 0.22～100 μH(用色环标在外壳上)，额定工作电流范围为 0.09～0.4 A。LGX 系列色码电感器也为小型封装结构，其电感量范围为 0.1～10 000 μH，额定工作电流分别为 50 mA、150 mA、300 mA 和 1.6 A 四种规格。

2. 平面电感器

平面电感器主要采用真空蒸发、光刻电镀及塑料包封等工艺，在陶瓷或微晶玻璃上沉积金属导线制成。目前的工艺水平已经可以在 1 cm^2 的面积上制作出电感量为 2 μH 以上的平面电感器。

平面电感器的特点是：稳定性、精度和可靠性都比较好，适合用于频率范围为几十兆赫兹到几百兆赫兹的高频电路中。

2.3.3 电感器的主要性能参数及标识

1. 电感器的主要性能参数

电感器的主要性能参数有电感量、固有电容、品质因数、额定工作电流等。

(1)电感量

由物理学可知，在没有非线性导磁物质存在的条件下，一个载流电感线圈的磁通量 Ψ 与线圈中流过的电流 I 成正比，其比例常数称为自感系数，用 L 表示，也可称为电感量，即

$$L=\frac{\Psi}{I}$$

电感量的基本单位为亨(H)，常用单位还有毫亨(mH)和微亨(μH)，它们的关系为 $1\ \mathrm{H}=1\times10^3\ \mathrm{mH}=1\times10^6\ \mu\mathrm{H}$。

电感量表示电感器本身的固有特性，主要取决于电感线圈的匝数、结构及绕制方法等，与电流大小无关。电感量能够反映电感线圈存储磁场能的能力，也能够反映电感器通过变化电流时产生感应电动势的能力。

(2)固有电容

电感器线圈绕组的各匝之间通过空气、绝缘层和骨架，存在分布点电容；同时，在屏蔽罩之间、多层绕组的层与层之间、绕组与底板之间均存在分布点电容。这样电感器实际可以等效成如图 2-11 所示的电路模型，其中等效电容 C_0 就是电感器的固有电容。由于固有电容的存在，使电感器有一个固有频率或谐振频率 f_0，单位为 Hz，其表达式为

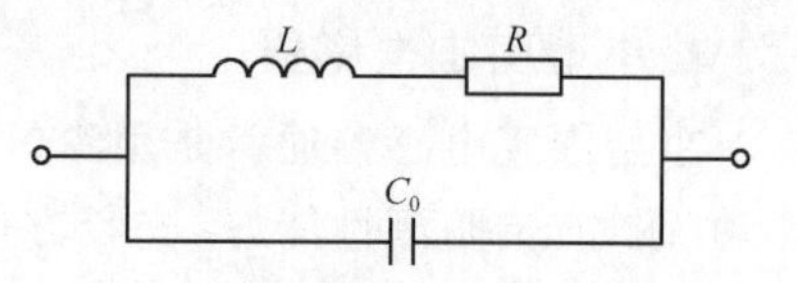

图 2-11 电感器的等效电路模型

$$f_0=\frac{1}{2\pi\sqrt{LC_0}}$$

使用电感器时，为了保证线圈有效电感的稳定性，要使其工作频率远低于线圈的固有频率。为了减少电感器的固有电容，可以减少线圈骨架的直径，或用细导线绕制线圈，或采用间绕法、蜂房式绕法。

(3)品质因数

电感器的品质因数定义为

$$Q=\frac{\omega L}{R}=\frac{2\pi fL}{R}$$

式中 f——工作频率；

L——电感器的电感量；

R——电感器的总损耗电阻，它由直流电阻、高频电阻(由趋肤效应和邻近效应引起)和介质损耗电阻等组成。

品质因数的值反映了电感器损耗的大小，其值越高，损耗功率越小，电路效率越高。一般高频电感器的品质因数通常为 50～300。调谐回路中对品质因数的要求比较高，用高品质因数的电感器与电容器组成的谐振电路有更好的谐振特性。耦合电感器的品质因数可以低一些，对高频扼流圈电感器和低频扼流圈电感器则无要求。总之，品质因数的大小能够影响回路的选择性、效率、滤波特性以及频率的稳定性等。

为了提高电感器的品质因数，可以采用镀银铜线，以减小高频电阻；也可采用多股的绝缘线代替具有同样总截面积的单股线，以减少趋肤效应；还可采用介质损耗小的高频陶瓷作骨架，以减小介质损耗；采用磁芯，虽然增加了磁芯损耗，但可以大大减小线圈匝数，从而减小导线的直流电阻，有利于提高品质因数。

(4)额定工作电流

额定工作电流是指电感器正常工作时允许通过的最大电流。当电感器在供电回路中作为高频扼流圈电感器或在大功率谐振电路中作为谐振电感器时，均需要考虑其额定工作电流是否符合要求，若其实际工作电流大于额定工作电流，电感器会因发热而改变参数，严重时会烧毁。

2. 电感器的标识

为了表明各种电感器的不同参数，便于识别和应用，常常需要在小型电感器的外壳上涂上标识，其标识方法有直标法、色环法和数码法三种。

(1)直标法

直标法是指在小型电感器的外壳上直接用文字标注电感器的主要性能参数，如电感量、允许误差、额定工作电流等。其中，额定工作电流常用字母标注，字母和额定工作电流的对应关系见表 2-7。

表 2-7　字母和额定工作电流的对应关系

字　母	A	B	C	D	E
额定工作电流/mA	50	150	300	700	1 600

例如，电感器外壳上标有“A3.5 mH，Ⅱ”，则表示电感器的电感量为3.5 mH，允许误差为Ⅱ级(±10%)，额定工作电流为 A 挡(50 mA)。

(2)色环法

色环法是指在电感器的外壳上涂上各种不同颜色的色环，用于表示电感器的主要性能参数。第一条色环表示第一位有效数字，第二条色环表示第二位有效数字，第三条色环表示倍率，第四条色环表示允许误差。电感器色环颜色与数值对照表见表 2-8。

表 2-8　电感器色环颜色与数值对照表

色环颜色	第一条色环(第一位有效数字)	第二条色环(第二位有效数字)	第三条色环(倍率)	第四条色环(允许误差)
黑	0	0	$\times 10^0$	±20%
棕	1	1	$\times 10^1$	—
红	2	2	$\times 10^2$	—

续表

色环颜色	第一条色环（第一位有效数字）	第二条色环（第二位有效数字）	第三条色环（倍率）	第四条色环（允许误差）
橙	3	3	$\times10^3$	—
黄	4	4	$\times10^4$	—
绿	5	5	$\times10^5$	—
蓝	6	6	$\times10^6$	—
紫	7	7	$\times10^7$	—
灰	8	8	$\times10^8$	—
白	9	9	$\times10^9$	—
金	—	—	$\times10^{-1}$	±5%
银	—	—	$\times10^{-2}$	±10%

例如，某电感器的外壳上标识的色环颜色分别为：

红红银黑，表示其电感量为 0.22 μH，允许误差为±20%；

棕红红银，表示其电感量为 1 200 μH，允许误差为±10%；

黄紫金银，表示其电感量为 4.7 μH，允许误差为±10%。

(3)数码法

数码法是指用三位数字表示电感量，单位为 μH。前两位为有效数字，小数点用 R 来表示，第三位数字为倍率 i，即表示乘以 10^i（$i=1\sim9$，整数）。

例如，某电感器的外壳上标识的三位数字分别为：

222，表示其电感量为 2 200 μH；

151，表示其电感量为 150 μH；

100，表示其电感量为 10 μH；

R68，表示其电感量为 0.68 μH。

2.3.4 电感器的简单检测

电感器的电感量一般可通过高频品质因数表或电感表进行测量，若不具备以上两种仪表时，可用万用表测量电感线圈的直流电阻来判断其好坏。

1. 用数字万用表判断电感线圈的好坏

首先将数字万用表的量程开关拨至“通断蜂鸣”符号处，用红、黑表笔接触电感器两端。如果阻值较小，数字万用表内的蜂鸣器会鸣叫，表明该电感器可以正常使用。

2. 用指针式万用表判断电感线圈的好坏

采用指针式万用表的 $R\times1\ \Omega$ 挡测试，一般高频电感器的直流内阻为零点几欧姆，低频电感器的内阻在几百欧姆至几千欧姆范围内，中频电感器的内阻在几欧姆至几十欧姆范围内。

判断时需注意，有的电感器的电感线圈匝数少或直径大，直流内阻小，即使用 $R\times1\ \Omega$ 挡进行判断，直流内阻阻值也可能为零，这属于正常现象；如果直流内阻阻值很大或为无穷大，则表明电感器线圈的绕组或引出线与绕组的接触点处开路。

2.3.5 电感器的选用

选用电感器时，应根据要求选择电感器的结构、类型、规格等。

(1)按工作频率的要求选择某种结构的电感器。用于音频段的电感器，一般要用带铁芯或铁氧体芯的。对于工作频率在几百千赫兹到几兆赫兹范围内的电感器最好用铁氧体芯，并以多股绝缘线绕制；对于工作频率在几兆赫兹到几十兆赫兹的电感器，宜选用单股镀银粗铜线绕制，磁芯要采用短波高频铁氧体，也常用空芯电感器；对于工作频率在一百兆赫兹以上的电感器，一般不能选用铁氧体芯，只能用空芯电感器。

(2)因为电感器的损耗与线圈的骨架材料有关，因此用于高频电路的电感器通常选用高频损耗小的高频陶瓷作为骨架。对要求不高的场合，可以选用塑料、胶木和纸骨架的电感器，它们还具有价格低廉、制作方便、质量轻等优点。

2.4 变压器

变压器由芯部及初级线圈、次级线圈两组绕组构成，是变换交流电压、电流和阻抗的元器件。

2.4.1 变压器的分类

(1)按冷却方式可分为干式(自冷)变压器、油浸(自冷)变压器和氟化物(蒸发冷却)变压器。

(2)按防潮方式可分为开放式变压器、灌封式变压器和密封式变压器。

(3)按铁芯或线圈结构可分为芯式变压器、环形变压器和金属箔变压器。

(4)按电源相数可分为单相变压器、三相变压器和多相变压器。

(5)按用途可分为电源变压器、调压变压器、音频变压器、中频变压器、高频变压器和脉冲变压器。

2.4.2 常用的变压器

1. 中频变压器

中频变压器又称为中周变压器。中频变压器是收音机、电视机的振荡、调谐电路中的重要元件，其外形如图 2-12(a)所示。

中频变压器主要由磁芯、磁罩、塑料外壳、金属屏蔽罩和线圈组成。线圈绕制在塑料骨架上或直接绕制在磁芯上;外面是金属屏蔽罩,上面露出的是可以调节的磁芯,磁芯调节时,应使用无感应螺丝刀;左边的三只引脚一般是中频变压器的初级线圈,右边的两只引脚是次级线圈。图 2-12(b)所示是单调谐回路的电路符号,图 2-12(c)所示是双调谐回路的电路符号。电路符号中的电容为调谐电容,其容量在中频调幅时为 300 pF 左右,在中频调频时为 30 pF 左右。

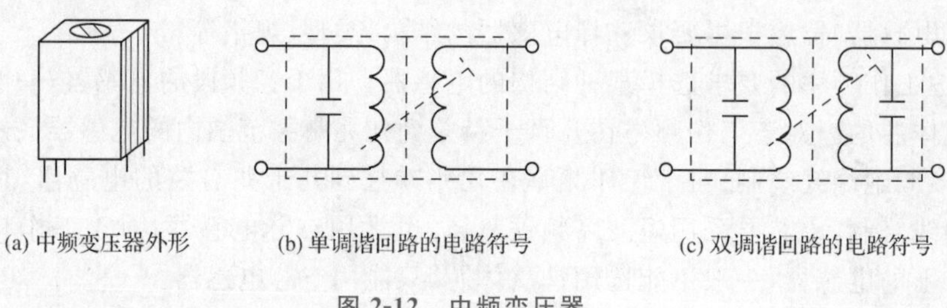

(a) 中频变压器外形　(b) 单调谐回路的电路符号　(c) 双调谐回路的电路符号

图 2-12　中频变压器

2. 电源变压器

电源变压器主要由铁芯、初级线圈和次级线圈构成。常见的铁芯有"E"形、"口"形和"C"形。电源变压器可将 220 V 交流电升高或降低,变成所需要的各种交流电压。

2.4.3　变压器的主要性能参数

1. 额定电压和额定功率

额定电压是指变压器正常工作时,初级线圈上允许施加的最大电压。额定功率是指在规定的电压和频率下,变压器长期连续工作而不超过规定温升的输出功率,其单位用 V・A或 kV・A 表示。一般电子产品中变压器的额定功率均在数百伏安以下。

2. 变压比

变压比是指变压器初级电压与次级电压的比值,或者是初级线圈匝数与次级线圈匝数的比值,通常简称为变比。当变压器的变压比大于 1 时,此变压器为降压变压器;当变压比小于 1 时,此变压器为升压变压器。变压比通常是在变压器外壳上直接用数值标出,如 220 V/12 V。

3. 效率

变压器的效率 η 是指变压器的输出功率 P_2 与输入功率 P_1 的比值,一般用百分数表示,即

$$\eta=\frac{P_2}{P_1}\times 100\%$$

变压器的效率一般由设计参数、材料、制造工艺及额定功率决定。通常 20 W 以下的变压器的效率为 70%～80%,而 100 W 以上的变压器的效率可达 95%。

4. 空载电流

变压器的初级线圈加额定电压而次级线圈空载时,初级线圈通过的电流即空载电流。

空载电流的大小可反映变压器的设计、材料和加工制造质量，空载电流大的变压器自身损耗大，输出效率低。一般空载电流不超过变压器额定电流的 10%，设计和制作优良的变压器，其空载电流可小于额定电流的 5%。

5. 绝缘电阻

变压器的各绕组之间、线圈与铁芯之间、引线之间，在电气上应该是绝缘的，但是由于材料和制造工艺等原因，达不到理想的绝缘。

绝缘电阻是指施加的试验电压与产生的漏电流之比。绝缘电阻是判断电源变压器能否安全工作的重要参数。不同的工作电压、不同的工作环境和条件对绝缘电阻有着不同的要求，一般电子产品中的小型电源变压器的绝缘电阻阻值≥500 MΩ。

6. 温升

温升是指当变压器通电工作以后，线圈发热使温度上升到稳定值时，比环境温度升高的值。温升的高低决定绝缘系统的寿命，温升高的变压器，绕组导线和绝缘材料容易老化，影响使用寿命。

7. 漏电感

变压器初级线圈中电流产生的磁通并不完全通过次级线圈，不通过次级线圈的这部分磁通称为漏磁通。由漏磁通产生的电感称为漏电感。

2.4.4 变压器的简单检测

变压器的常见故障有断路和短路。断路的故障原因大部分是输出引线断线，用万用表的电阻挡容易检测；短路的故障原因则不太容易判断。

1. 绝缘性能测试

将万用表置于 $R\times10$ kΩ 挡，分别测量初级线圈与次级线圈，初级线圈与铁芯，次级线圈与铁芯，静电屏蔽层与初、次级线圈之间的阻值，应均为无穷大，否则说明变压器绝缘性能不良。

2. 绕组通断测试

将万用表置于 $R\times1$ Ω 挡，分别测量初级线圈、次级线圈的电阻。一般初级线圈的阻值为几十欧姆至几百欧姆，变压器功率越小，阻值越小；次级线圈的阻值为几欧姆至几十欧姆。如果某一绕组的阻值为无穷大，则该绕组存在断路故障。

而短路故障则不太容易判断，除了线圈阻值与标称阻值相比明显较小外，线圈局部短路很难用万用表准确检测出来，一般可以通过测试空载电流是否过大，空载温升是否超过正常温升来判断。

3. 空载电流测试

对于电源变压器通常要测试其空载电流，测试时通常有以下两种方法。

(1)直接测量法

将电源变压器的次级线圈断路，把万用表置于交流电流挡，与初级线圈串联。当初级线圈接入 220 V 交流电源时，万用表指示值即为该电源变压器的空载电流值。此值不应大于电源变压器满载电流的10%～20%。一般常见电子设备的电源变压器的正常空载电流应在100 mA左右，如果超出过多，则说明电源变压器有短路故障。

(2)间接测量法

将电源变压器的次级线圈断路，在变压器的初级线圈中串联一个10 Ω/5 W的电阻，把万用表置于交流电压挡。当初级线圈接入220 V交流电源时，用万用表测出串联电阻(10 Ω/5 W)两端的电压，再用欧姆定律计算电源变压器的空载电流。

4. 空载电压测试

将电源变压器的初级线圈接入220 V交流电源，用万用表的交流电压挡测量次级线圈的电压，该电压即各线圈的空载电压。一般允许误差范围为：高压线圈≤±10%，低压线圈≤±5%，带中心抽头的两组对称线圈的电压差≤±2%。

2.4.5 变压器的选用

在电子产品的设计制作中，一般对于电源变压器的选用原则如下：

(1)观察电源变压器外观。仔细查看电源变压器的引线是否存在脱焊、断线，铁芯是否有松动等不牢固现象。

(2)注意满足参数需要。查看所使用的电源变压器的输出功率、输入电压、输出电压的大小，以及接负载所需功率等能否满足需要。

(3)通电检测输出电压和绝缘电阻。对于选用的电源变压器要进行通电检测，检测输出电压是否与标称电压相符。在条件允许的情况下，可用摇表测试其绝缘电阻是否良好。绝缘电阻的阻值≥500 MΩ；对于要求较高的电路，绝缘电阻的阻值≥1 000 MΩ。

(4)电源变压器结构类型的选择。在电子设备中使用的电源变压器，应选用加静电屏蔽的变压器。对于一般家用电器中使用的电源变压器，可选用"E"形铁芯；对于高保真音频放大电路中使用的电源变压器，可选用"C"形铁芯；对于大功率变压器，可选用较容易散热的"口"形铁芯。

(5)电源变压器温升的选择。对接入电路的电源变压器要观察其温升是否正常。当电源变压器工作时不应有焦煳味、冒烟等现象，可用手触摸一下铁芯外部温度，以不烫手为最好(注意不要触碰到输入、输出引线，以避免触电)。

2.5 二极管

二极管是半导体元器件中最基本的元器件，它是由一个PN结组成，有两个电极，具有单向导电性。利用二极管的单向导电性，它在电路中可具有整流、检波、钳位及开关等作用。

2.5.1　二极管的分类

二极管的种类较多，通常有以下几种分类方式。

1. 按材料分类

二极管按材料不同，可分为锗二极管和硅二极管。其中，锗二极管的正向电压约为 0.2 V，而硅二极管的正向电压则约为 0.7 V。锗二极管的穿透电流较大(约为几百微安)，稳定性差；硅二极管的穿透电流较小(小于 1 μA)，稳定性好。

2. 按用途分类

二极管按用途不同，可分为普通二极管和特殊二极管。普通二极管包括整流二极管、检波二极管、稳压二极管和开关二极管；特殊二极管包括变容二极管、发光二极管和光电二极管。

3. 按结构分类

二极管按结构不同，可分为点接触型二极管、面结合型二极管。点接触型二极管的结构如图 2-13(a)所示，它是由一根金属丝经过特殊工艺与半导体表面相接，形成 PN 结。点接触型二极管的特点是 PN 结的结面积小，不能通过较大的电流，但其结电容较小，高频性能好，因此适用于高频电路和小功率整流电路。

如图 2-13(b)所示为面结合型二极管，它是采用合金法工艺制成的，其主要特点是结面积大，能流过较大的电流，但结电容较大，只能在较低频率下工作，一般仅作整流管。

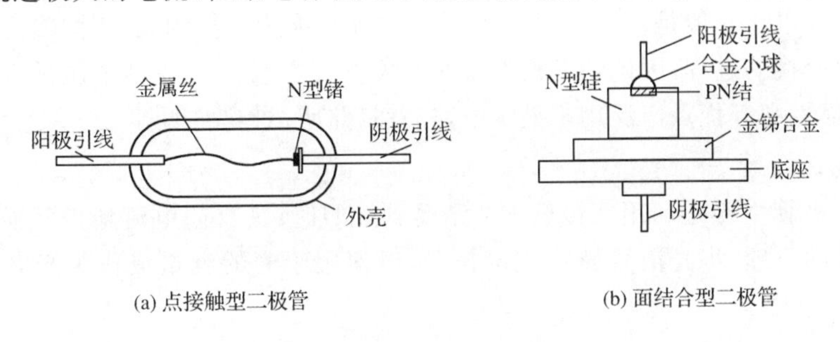

(a) 点接触型二极管　　(b) 面结合型二极管

图 2-13　二极管的分类

2.5.2　常用的二极管

1. 整流二极管

整流二极管主要用于整流电路，可将交流电变换为脉动直流电。整流二极管属于面结合型二极管，结电容较大，其频率较低且频率范围较小，一般为 3 kHz 以下。常用的整流二极管类型有 2CZ 型、2DZ 型等；在高压、高频整流电路中还常用整流堆，其类型有 2CGL 型、DH26 型、2CL51 型等。

2. 检波二极管

检波二极管的主要作用是检测出调制在高频信号中的低频信号。它属于点接触型二极管，结电容较小，高频特性好，一般都用锗材料制成，采用玻璃外壳封装。常用的检波二极管类型有 2AP 型等。

3. 稳压二极管

稳压二极管主要是利用二极管的反向击穿特性，在反向击穿时其两端电压基本保持不变，在电路中起到稳定电压、限幅和过载保护的作用。稳压二极管广泛应用于稳压电源装置中，常用的稳压二极管类型有 2CW 型、2DW 型等。

4. 开关二极管

开关二极管主要是利用二极管的单向导电性，在电路中对电流进行控制，起到接通或断开的开关作用，具有开关速度快、体积小、寿命长、可靠性高等特点。硅开关二极管的反向恢复时间只有几纳秒，即使是锗开关二极管，也不过几百纳秒。常用的开关二极管的类型有 2CK 型等。

5. 变容二极管

变容二极管主要是利用 PN 结反向偏置时势垒电容随外加电压而变化的特性制成，即反向偏压增大时，势垒电容减小。它主要用在高频电路中，取代可变电容器，起到自动调谐、调频、调相的作用。变容二极管的电容量一般较小，其最大值为几十皮法到几百皮法，最大电容与最小电容之比约为 5∶1。

6. 发光二极管

发光二极管(LED)是一种新型的半导体发光元器件，主要是一种固态 PN 结元器件，常用砷化镓、磷化镓等制成。可以用多个发光二极管做成数字或字符显示元器件。发光二极管的工作电压一般是 1.5～3 V。作为把电能转换为光能的元器件，发光二极管在工作时没有热交换的过程，因此功率消耗很小。发光二极管因其驱动电压低、功率消耗小、寿命长、可靠性高等优点广泛用于显示电路、背景照明、景观照明等。

7. 光电二极管

光电二极管主要是利用二极管 PN 结受到光照时，其反向电流随光照强度的增加而成正比上升的原理，将光信号转换成电信号，以便用于光的测量或作为光电池进行能量转换。

2.5.3 二极管的主要性能参数及命名

1. 二极管的主要性能参数

二极管的性能参数较多，且不同类型二极管的主要性能参数和种类也不相同，下面主要以普通二极管为例介绍几个主要性能参数。

(1)最大整流电流 I_F

最大整流电流是指二极管长期运行时，允许通过的最大正向平均电流。因为电流流过 PN 结时，会引起二极管发热，若电流过大，发热量超过限度，就会烧坏 PN 结。实际应用时，二极管的平均电流不能超过最大整流电流，并且要满足散热条件，安装散热器。

(2)最大反向电压 U_R

最大反向电压是保证二极管不被反向击穿所允许加的最大电压。通常 U_R 为反向击穿电压 U_{BR} 的一半。

(3)反向电流 I_R

反向电流是指二极管未击穿时的电流。反向电流越小,说明二极管的单向导电性越好。由于温度升高,反向电流会急剧增大,所以在使用时要注意温度对反向电流的影响。

在实际应用中,需根据二极管的使用场合,选择性能参数合适的二极管,保证二极管能安全工作的同时,能够得到充分的利用,此外还要注意工作频率、环境温度等条件的影响。

2. 二极管与三极管的命名

根据中华人民共和国国家标准 GB/T 249 — 2017《半导体分立器件型号命名方法》命名,半导体分立器件型号通常由五个部分组成。第一部分:用数字“2”表示二极管,用数字“3”表示三极管;第二部分:用英文字母表示材料和极性;第三部分:用英文字母表示类型;第四部分:用数字表示序号;第五部分:用英文字母表示规格号。具体见表 2-9。

表 2-9　半导体分立器件型号组成的符号及其意义

第一部分		第二部分		第三部分		第四部分	第五部分
主称		材料和极性		类型		序号	规格号
数字	意义	英文字母	意义	英文字母	意义	用数字表示同一类型产品的序号	用英文字母表示产品规格号
2	二极管	A	锗,N 型	P	小信号管		
		B	锗,P 型	V	混频检波管		
		C	硅,N 型	W	电压调整管和电压基准管		
		D	硅,P 型	C	变容管		
3	三极管	A	锗,PNP 型	Z	整流管		
		B	锗,NPN 型	L	整流堆		
		C	硅,PNP 型	S	隧道管		
		D	硅,NPN 型	K	开关管		
		E	化合物材料	X	低频小功率管		
				G	高频小功率管		
				D	低频大功率管		
				A	高频大功率管		
				T	闸流管		
				Y	体效应管		
				B	雪崩管		
				J	阶跃恢复管		

例如,2CN1 表示 N 型阻尼硅二极管。

2.5.4 二极管的简单检测

1. 二极管极性的识别

常用二极管的外壳上均印有型号和标识。标识箭头所指的方向为阴极。有的二极管有色环，有色环的一端为阴极，如图 2-14(a)所示。有的带有定位标识，判断时，管底面对观察者，由定位标识起按顺时针方向，引出线依次为正极和负极，如图 2-14(b)所示。

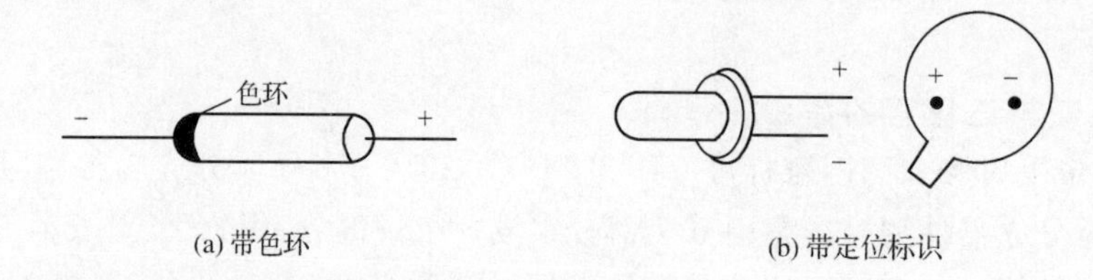

图 2-14　二极管极性标识

当二极管外壳标识模糊不清时，可以用万用表来判断。将万用表的两只表笔分别接触二极管的两个电极，若测试电阻值为几十、几百或几千欧姆时，则黑表笔接触的电极为二极管的正极，红表笔所接触的电极为二极管的负极。若测试电阻值为几十千欧至几百千欧时，则黑表笔接触的电极为二极管的负极，红表笔所接触的电极为二极管的正极。

2. 二极管单向导电性测试

用万用表欧姆挡测量二极管的正、反向阻值，将出现以下几种具体情况：

(1)若测得反向阻值为几百千欧及以上，正向阻值为几千欧及以下，其反向阻值与正向阻值的比值在 100 以上，则说明二极管性能良好。

(2)若测得反向阻值与正向阻值的比值不大于 100，则说明二极管单向导电性不佳，不宜使用。

(3)若测得正、反向阻值均为无限大，则说明二极管断路。

(4)若测得正、反向阻值均为 0，则说明二极管短路。

2.5.5 二极管的选用

晶体二极管的类型很多，性能各异。因此，在选用各类型二极管时，既要根据它们的用途、性能和主要性能参数，又要根据各种电路的不同要求来选择二极管。

(1)类型的选择

根据具体电路的要求及其在电路中的用途选择二极管的类型。例如，在高频检波电路中应选用检波二极管，检波二极管一般可选用点接触型锗二极管，如 2AP 系列等。又如，在各种电源整流电路中，就要选用整流二极管，整流二极管一般可选用面结合型硅二极管，如 2CZ 系列等。

(2)性能参数的选择

在选好二极管类型的基础上，可参照《晶体管手册》和有关资料要选好其各项主要性能参数，使这些性能参数和特性符合电路要求，并且要注意不同用途的二极管对哪些性能参数要求更严格。例如，选用整流二极管时，要特别注意最大整流电流。2AP1 型二极管的最大整流电流为 16 mA，2CP1A 型二极管的最大整流电流为 500 mA 等。使用时，通过二极管的电流不能超过这个数值。并且对整流二极管来说，反向电流越小，说明二极管的单向导电性能越好。

(3)材料及外形的选择

选择二极管时应选择锗二极管还是硅二极管，可以按照如下原则确定：要求正向电压小时选锗二极管；要求反向电流小时选硅二极管；要求反向电压高、耐高压时选硅二极管。

在二极管的类型、性能参数、材料等均选好以后，再看一下二极管的外形是否完好无损，引出线有无折断，外壳上标识的规格、型号、极性等是否清楚。根据电路的要求和电子设备的尺寸，选好二极管的外形、尺寸和封装形式。

2.6　三极管

三极管又称为晶体三极管，通常简称为晶体管或双极型晶体管。三极管是由两个制作在一起的 PN 结，加上引出电极封装组成的。它是电子电路中的重要元器件之一，对信号具有放大作用和无触点开关作用。

2.6.1　三极管的分类

三极管通常有如下几种不同的分类方式：

(1)按材料分类：可分为硅三极管、锗三极管等。

(2)按导电类型分类：可分为 PNP 型三极管和 NPN 型三极管等。锗三极管多为 PNP 型三极管，硅三极管多为 NPN 型三极管。

(3)按设计结构分类：可分为点接触型三极管、面接触型三极管等。

(4)按工作频率分类：可分为高频三极管、低频三极管、开关三极管等。

(5)按功率大小分类：可分为大功率三极管、中功率三极管、小功率三极管等。

(6)按封装形式分类：可分为金属封装三极管、塑料封装三极管等。

2.6.2　常用的三极管

1. 小功率三极管

小功率三极管是电子产品中用得最多的三极管之一。通常情况下，把集电极最大允许耗散功率 P_{CM} 在 1 W 以下的三极管称为小功率三极管。其具体形状有很多种，主要用来放大交、直流信号，如放大音频、视频的电压信号，作为各种控制电路中的控制元器件等。

2. 中功率三极管

中功率三极管主要用在驱动电路和激励电路中，为大功率放大器提供驱动信号。通常情况下，集电极最大允许耗散功率 P_{CM} 在 1～10 W 的三极管称为中功率三极管。

3. 大功率三极管

集电极最大允许耗散功率 P_{CM} 在 10 W 以上的三极管称为大功率三极管。由于大功率三极管集电极耗散功率较大，工作时往往会引起芯片内温度过高，所以要设置散热片，根据这一特征可以判别是否是大功率三极管。大功率三极管常用于大功率放大器中，通常情况下，大功率三极管输出功率越大，其体积也越大，在安装时所需要的散热片也越大。

2.6.3 三极管的主要参数及标识

1. 三极管的主要参数

三极管的主要参数可分为性能参数和极限参数两大类。

(1)三极管的主要性能参数

①电流放大系数

● 直流电流放大系数$\bar{\beta}$

直流电流放大系数是指在共射电路中，在静态(无输入信号)时，在一定 u_{CE} 下，三极管的集电极电流(输出电流)与基极电流(输入电流)的比值，用 β 或 h_{FE} 表示。当 $I_C \gg I_{CEO}$ 时，共发射极直流电流放大系数 $\bar{\beta}$ 可近似表示为

$$\bar{\beta} \approx \frac{I_C}{I_B}$$

● 交流电流放大系数

交流电流放大系数 β 定义为在共射电路中集电极电流变化量与基极电流变化量之比，即

$$\beta = \frac{\Delta i_C}{\Delta i_B}$$

显然，$\bar{\beta}$ 与 β 的含义不同，但在三极管输出特性曲线比较平坦(恒流特性较好)，而且各条曲线间距离相等的条件下，在数值上可认为 $\beta \approx \bar{\beta}$。

②极间反向电流

● 集电极-基极间反向饱和电流 I_{CBO}

I_{CBO} 为发射极开路时集电极和基极间的反向饱和电流，其值很小，但受温度影响大。在室温下，小功率硅三极管的 I_{CBO} 小于 1 μA，锗三极管的 I_{CBO} 约为 10 μA。

● 集电极-发射极间穿透电流 I_{CEO}

I_{CEO} 为基极开路时由集电区穿过基区流入发射区的电流，它是 I_{CBO} 的 $(1+\beta)$ 倍。

极间反向电流是衡量三极管质量好坏的重要参数，其值越小，受温度影响越小。选用三极管时，一般希望极间反向电流尽量小些，以减小温度对三极管性能的影响。

(2)三极管的主要极限参数

①集电极最大允许耗散功率 P_{CM}

P_{CM}指集电结允许功率消耗的最大值，$P_{CM}=i_C u_{CE}$。其大小主要取决于允许的集电结的温度，锗三极管约为70 ℃，硅三极管可达150 ℃，超过这个数值，三极管的性能将变坏，甚至烧坏三极管。一般可以通过安装散热片来提高 P_{CM}，如3AD50型三极管在安装散热片前后的功率分别为1 W和10 W。

②集电极最大允许电流 I_{CM}

当集电极电流 I_C 超过一定值后，β 将明显下降，但三极管不一定损坏。一般把 β 值下降到规定允许值(例如额定值的1/2～2/3)时的集电极最大电流，称为集电极最大允许电流 I_{CM}。一般小功率三极管的 I_{CM} 为几十毫安，大功率三极管的 I_{CM} 可达几安。

③反向击穿电压

● 集电极-基极间反向击穿电压 U_{CBO}

U_{CBO}是指发射极开路时，集电极和基极间允许施加的最高反向电压，其值通常为几十伏，有的三极管 U_{CBO} 高达几百伏。

● 发射极-基极间反向击穿电压 U_{EBO}

U_{EBO}是指集电极开路时，发射极和基极间允许施加的最高反向电压，一般为几伏至几十伏。

● 集电极-发射极间反向击穿电压 U_{CEO}

U_{CEO}是指基极开路时，集电极和发射极间允许施加的最高反向电压。

一般情况下，$U_{CBO}>U_{CEO}>U_{EBO}$。

④特征频率

三极管的共发射极交流电流放大系数 β 下降到1时的频率，称为三极管的特征频率。

部分常用小功率三极管的技术参数见表2-10。

表2-10　部分常用小功率三极管的技术参数

型　号	材料与极性	U_{CBO}/V	U_{CEO}/V	I_{CM}/A	P_{CM}/W	$\bar{\beta}$	f_T/MHz
9011	硅，NPN型	50	30	0.03	0.4	28～200	370
9012	硅，PNP型	40	20	0.5	0.625	64～200	120
9013	硅，NPN型	40	20	0.5	0.625	64～200	120
9014	硅，NPN型	50	45	0.1	0.625	60～1 800	270
9015	硅，PNP型	50	45	0.1	0.45	60～600	190
9016	硅，NPN型	30	20	0.025	0.4	28～200	620
9018	硅，NPN型	30	15	0.05	0.4	28～200	1 100
8050	硅，NPN型	40	25	1.5	1.0	85～300	110
8550	硅，PNP型	40	25	1.5	1.0	60～300	200

续表

型　号	材料与极性	U_{CBO}/V	U_{CEO}/V	I_{CM}/A	P_{CM}/W	$\bar{\beta}$	f_T/MHz
2N5401	硅,PNP 型		150	0.6	1.0	60	100
2N5550			140	0.6	1.0	60	100
2N5551			160	0.6	1.0	80	100
2SC945	硅,NPN 型		50	0.1	0.25	90～600	200
2SC1815	硅,SNPN 型		50	0.15	0.4	70～700	80
2SC965			20	5	0.75	180～600	150
2N5400			120	0.6	1.0	40	100

2. 三极管的标识

三极管的型号标识由五部分组成,详细见表 2-9。

例如,3AG11C 表示 PNP 型高频小功率锗三极管,序号为 11,规格号为 C。

2.6.4 三极管的简单检测

1. 三极管的一般识别方法

一般的识别可以根据命名规则,从三极管管壳上的符号识别它的型号和类型。例如,三极管管壳上标识的是 3DG6,表明它是 NPN 型高频小功率硅三极管。同时,还可以从管壳上色点的颜色来判断三极管的交流电流放大系数 β 的范围,色点的颜色与 β 值大小的对应关系见表 2-11。例如,色点的颜色为橙色,则表明该管的 β 值为 25～40。

表 2-11　　色点颜色与 β 值的对应关系

色点	棕	红	橙	黄	绿	蓝	紫	灰	白	黑(或无色)
β	5～15	15～25	25～40	40～55	55～80	80～120	120～180	180～270	270～400	400 以上

2. 三极管的极性识别、检测方法及性能检测

(1)三极管的极性识别

小功率三极管有金属外壳封装和塑料外壳封装两种。金属外壳封装的三极管如果管壳上带有定位销,那么,将管底朝向观察者,从定位销起按顺时针方向,三根电极依次为 e、b、c,如图 2-15(a)所示;如果管壳上无定位销,三根电极在半圆内,将有三根电极的半圆置于上方,按顺时针方向,三根电极依次为 e、b、c,如图 2-15(b)所示。对于塑料外壳封装的三极管,判断时面对管侧平面,三根电极置于下方,则从左至右的三根电极依次为 e、b、c,如图 2-15(c)所示。

(2)三极管极性的检测方法

三极管的三个电极一般可以从外形及标识上判断出来,也可以用万用表来确定三极管的三个电极,且能判断三极管的好坏及导电类型。

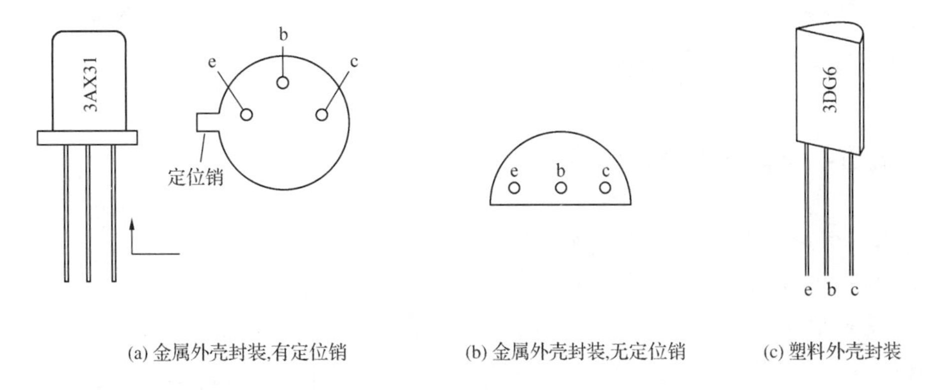

图 2-15　小功率三极管极性识别

①判断基极和三极管的导电类型

将万用表欧姆挡置于 $R\times100\ \Omega$ 挡或者 $R\times1\ \mathrm{k}\Omega$ 挡,先假设三极管中的某一电极为基极,并将黑表笔接假设的基极,再将红表笔先后接到其余两个电极上。如果两次测得的阻值都很小(或都很大),约为几百欧姆(或为几千至几十千欧姆),而对换表笔后测得两个阻值都很大(或都很小),则可以确定假设的基极即真实基极,证明假设正确。若两次测得的阻值是一大一小,则可以肯定假设错误,这时应重新假设基极,重复上述测试,直到找出真实基极。

当基极确定后,随之可以确定导电类型。即用黑表笔接基极时,测得的两个阻值都很小,则导电类型为 NPN 型;反之,则为 PNP 型。

②判断集电极和发射极

如果导电类型是 NPN 型的三极管,那么就用黑表笔接某一假设的集电极,红表笔接假设的发射极,并用手捏住基极和集电极(不能使基极和集电极直接接触),使基极和集电极通过人体或外接电阻时,万用表所测得的是集电极和发射极间的电阻值,然后将红、黑表笔反接重测。若第一次测得的阻值比第二次测得的阻值小,说明假设正确,黑表笔所接为集电极,红表笔所接为发射极。

(3)三极管的性能检测

三极管在安装前首先要对其性能进行测试。条件允许时可以使用晶体管图示仪,亦可以使用普通万用表对三极管进行粗略测量。

①估测集电极-发射极间穿透电流 I_{CEO}

用万用表 $R\times1$ kW 挡,对于 PNP 型三极管,红表笔接集电极,黑表笔接发射极(对于 NPN 型三极管则相反),此时测得阻值在几十千欧到几百千欧。若阻值很小,说明 I_{CEO} 大,已接近击穿,稳定性差;若阻值为零,表示三极管已经击穿;若阻值为无穷大,表示三极管内部断路;若阻值不稳定或阻值逐渐下降,表示三极管噪声大、不稳定,不宜采用。

②估测交流电流放大系数 β

如果以测试 NPN 型三极管为例,在集电极和基极之间分别接通、断开 100 kW 的电阻器时,用万用表的 $R\times1$ kW(或 $R\times100$ W)挡,将黑表笔接三极管的集电极,将红表笔接发射极(若是测 PNP 型三极管,则红、黑表笔对调),分别测量集电极与发射极之间的两次阻值。两次阻值相差越大,表示该三极管的 β 值越高;如果两次阻值相差很小或相等,则表示该三极管已失去放大作用。如果使用数字万用表，可直接将三极管插入测量管座中，三极管的 β 值可直接显示出来。

2.6.5 三极管的选用

选用三极管首先应符合设备及电路的要求及符合节约的原则，考虑如下几个方面：

(1)首先根据极限参数来进行选择，应使三极管工作时 $i_C < I_{CM}$、$P_C < P_{CM}$、$u_{CE} < U_{CEO}$，即必须保证三极管工作在安全工作区，如图 2-16 所示。

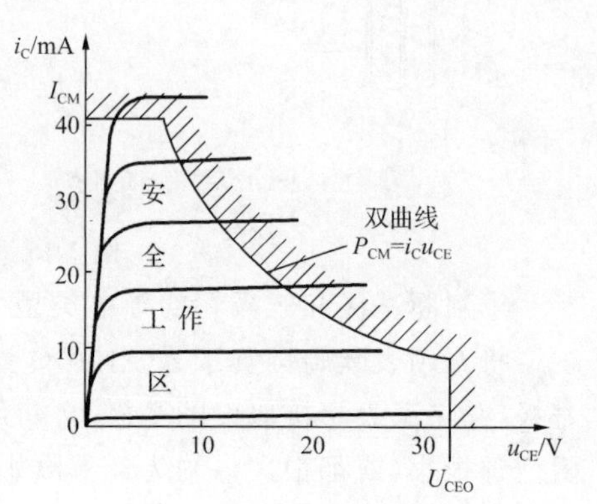

图 2-16 三极管的安全工作区

(2)当输入信号频率较高时，为了保证三极管良好的放大性能，应选高频三极管或超高频三极管；若用于开关电路，为了使三极管有足够高的开关速度，则应选开关三极管。

(3)当要求反向电流小、允许集电结温度高，且能工作在温度变化大的环境中时，应选硅三极管；而要求导通电压低时，可选锗三极管。

(4)对于同型号的三极管，优先选用 I_{CEO} 小的三极管，而 β 值不宜太大，一般以几十至一百为宜。

2.7 忆阻器简介*

2.7.1 概　述

忆阻器(Memristor)是一种具有记忆功能的非线性电阻。它是继电阻、电容、电感之后的第四种无源基本电路元件。忆阻器的概念由美籍华裔科学家美国加利福尼亚大学伯克利分校蔡绍棠(Chua Leon)于 1971 年首次提出。直到 2008 年初 HP 实验室宣布制造出真正的忆阻元件，该元件由 17 根宽度为 50 nm 的纳米线排列组成，每根纳米线有两层，分别为 Tio2 和 Tio2-x；通电后，这两层之间的界面将发生迁移，从而导致整条纳米线的电阻值发生改变。

2.7.2 忆阻器的基本原理

在现代电路理论中，是以电压 $v(t)$、电流 $i(t)$、磁通 $\Psi(t)$ 和电荷 $q(t)$ 为电路的四个基本变量。这 4 个基本电路变量之间应该存在六种数学关系：电流定义为电荷关于时间的

变化率 $i=\frac{dq}{dt}$；电压是磁通量关于时间的变化率 $v=\frac{d\varphi}{dt}$；电阻定义为电压随着电流的变化率 $R=\frac{dv}{di}$；电容定义为电荷随着电压的变化率 $C=\frac{dq}{dv}$；电感定义为磁通量随着电流的变化率 $L=\frac{d\varphi}{di}$；显然电荷 q 与磁通量φ之间的关系在电学理论中无定义，蔡绍棠据此从理论上论证了忆阻器存在的可能性和原理，其数学表达式为 $d\varphi=M(q)\cdot dq$ 或 $M(q)=\frac{d\varphi}{dq}$。其中 $M(q)$为忆阻值，具有电阻的量纲。它与曾经流过的电荷量相关，故为非易失、非线性的。$M(q)$则为未列入传统无源基本电路元件的第四个无源电路元件，即忆阻器。忆阻器 M 和电阻 R、电容 C、电感 L 一起，组成完备的无源基本电路元件集，四个基本电路变量的关系及对应转换元件如图 2-17 所示。

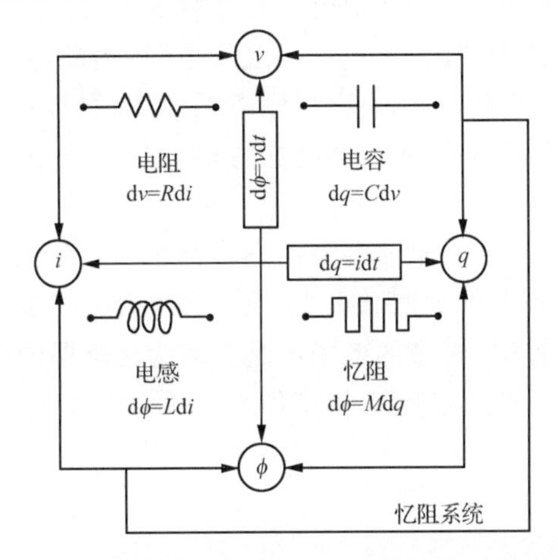

图 2-17 四个基本电路变量的关系及对应转换元件图

工作原理：由于形成忆阻器的材质为半导体，在电流的驱动条件下，在掺杂部分和非掺杂部分存在分界面的线性移动规律，致使整个混合结构组织有所改变，经过不可逆过程后，进入断开和导通这两个可切换的状态。

忆阻器的电路特性：具有无源准则、自由度准则和闭合准则。

2.7.3 忆阻器制造技术

根据目前的研究情况，忆阻元件的制造技术主要有两大类，分别为纳米压印光刻技术和原子层沉积技术。

1. 纳米压印光刻技术

纳米压印光刻技术是一种纳米级图案制作方法，其原理是通过传统的机械模具，将微观目标图形压印到相应的衬底上，然后通过高温或紫外光手段使图形固化的技术。惠普实验室在制作 TiO_2 忆阻阵列的时候使用了一种自对准、一步到位的纳米压印光刻方法。

2. 原子层沉积技术

原子层沉积技术是通过化学反应,将物质以单原子膜的形式一层层镀在基底表面的方法,这种技术使得每次化学反应只沉积一层原子。利用原子层沉积方法制造 TiO_2 薄膜的过程,就是利用不断重复的自限制性反应来获得所需要的薄膜。忆阻元件的制造过程中还会用到的其他方法有:反应离子刻蚀 、金属喷镀、Lift-off 工艺等。

2.7.4 忆阻器的应用

忆阻器将改写电子元件革命。忆阻器的应用主要体现在人工神经网络、保密通信、新型存储器、模拟电路、人工智能计算机、生物行为模拟等六个方面。

忆阻器因为具有记忆功能,作为无源电子元件有巨大的功能,对电子元件领域有着深远的意义。通过调整忆阻器电流的大小,可以改变电阻,当断电的时候依然还能保持,忆阻器成为天然的,非挥发性的存储器,由于忆阻器的发明,可以使未来电子元件变得无比的小,使大规模集成电路更加缩小,未来的电路可能就是一块小小的集成片,而实现巨大的功能。

随着科学家的辛苦研究,使忆阻器的理论逐步清晰,技术逐渐成熟,忆阻器产品离我们的生活越来越近。虽然目前相关产品很少,但是通过研究忆阻器的性能和知识,我们会再开发出更多更好的电子产品,未来的电子产品会因为忆阻器的出现而改写历史,制造出功能巨大,体积很小,具有记忆、快速、大规模集成的新一代电子产品。

第3章 电路分析基础实验

3.1 电路元件伏安特性的测定

1. 实验目的

(1)学会识别常用电路元件的方法。

(2)掌握线性电阻、非线性电阻元件伏安特性的逐点测试法。

(3)掌握实验台上直流电工仪表和设备的使用方法。

2. 实验原理

在电路电压 V 和电流 I 的参考方向相关联,即参考方向一致的条件下,任何一个两端元件的特性都可以用电压和电流的函数方程 $V=IR$ 来表示,利用这一公式的前提是电压 V 和电流 I 的参考方向相关联,即参考方向一致。如果参考方向相反,则函数方程为 $V=-IR$。

除上述的表述方法以外,两端元件的特性还可以用该元件的端电压 U 与通过该元件的电流 I 之间的函数关系 $I=f(U)$来描述,即在 U-I 平面上采用逐点测试的方法,测试一条电流和电压对应关系曲线,这条曲线称为该元件的伏安特性曲线。

电阻元件具有阻碍电流流动的性能。当电流通过电阻元件时,必然要消耗能量克服电阻阻碍,沿着电流流动的方向将产生电压降,其值等于该电流与电阻的乘积,这一关系称为欧姆定律。

(1)线性电阻元件

当电阻元件 R 的阻值不随电压或电流的变化而变化时,则电阻 R 两端的电压与流过的电流成正比,符合这种条件的电阻元件称为线性电阻元件。线性电阻元件的伏安特性曲线如图 3-1 所示 A 曲线,A 是一条通过坐标原点的直线,其斜率等于该电阻阻值的倒数。

(2)非线性电阻元件

电路中大部分元件是不具备上述线性电阻元件的特性的，这类元件称为非线性电阻元件。例如，白炽灯的伏安特性如图 3-1 所示的曲线 B。

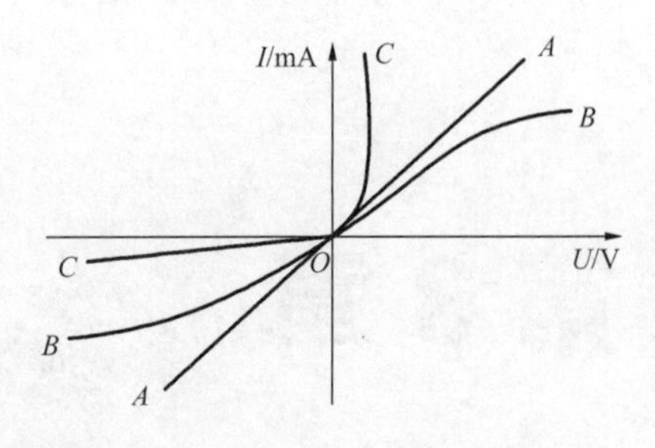

图 3-1　线性电阻元件的伏安特性曲线

半导体二极管就是典型的非线性电阻元件，其伏安特性曲线如图 3-1 中的曲线 C 所示。它的阻值随着流过的电流大小而变化。当外加电压极性和半导体二极管极性相同时，称为正向连接。正向连接时半导体二极管的阻值很小(十几欧至几十欧)，正向电压很小(锗管为 0.2～0.3 V，硅管为 0.5～0.7 V)，正向电流随正向电压的升高而呈指数规律变化。当外加电压极性与半导体二极管极性不相同时，称为反向连接。反向电压从零伏一直增加到十几伏，反向电流很小且其变化也很小(微安级)。半导体二极管的这一特性称为单向导电性。利用半导体二极管的单向导电性在电子电路中可进行整流、检波等。白炽灯的伏安特性曲线如图 3-1 中的曲线 B 所示。

(3)电压和电流的测量

在测量某一支路的电压和电流时，除了应根据技术要求正确选择电流表和电压表的规格、精度等级外，接线时还要注意把电流表、电压表接在正确的位置上，主要考虑电流表的降压作用及电压表的分流作用。如果仪表接线不当，就会造成较大的测量误差。

在测定如图 3-2 所示电路中的电流、电压时，可以将电压表接于 AD 两端，也可接于 BD 两端。电压表若接在 BD 两端，电流表的示数除了包含流过电阻的电流外，还包含电压表中流过的电流，因此电流表的数值比实际的电流值大。

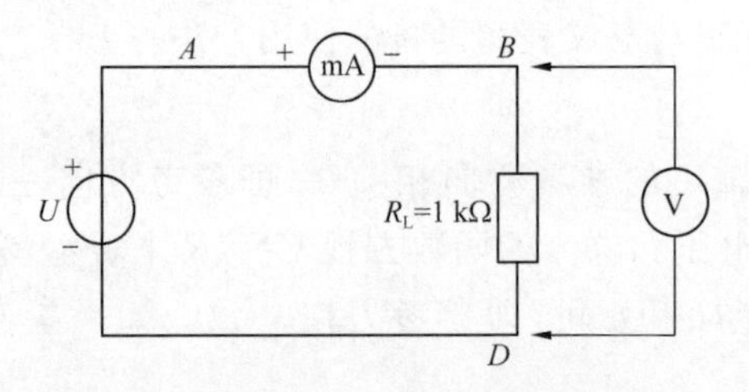

图 3-2　测量线性电阻的伏安特性

当负载阻值比电流表的内阻大得多时，电压表宜接在 AD 两端；当电压表的内阻比负载阻值大得多时，电压表宜接在 BD 两端。数字式仪表一般不考虑其内阻的影响，近似认为电压表内阻无穷大，而电流表内阻无穷小。

用机械式仪表实际测量时，某支路的电阻值是未知的，测量时电压表的位置可由实验方法选定，测量时可以分别接在 AD、BD 两端进行测试。如果采取这两种接法时电压表的读数差别很小(说明电流表内阻很小，降压作用甚微)，即可接在 AD 两端；如果采取这两种接法时电流表的读数差别很小(说明电压表内阻很大，分流作用甚微)，即可接在 BD 两端；若采取这两种接法时电流表和电压表的读数均无差别，则电压表接于 AD 两端或 BD 两端均可。

3. 实验设备(表 3-1)

表 3-1　　实验设备 1

序　号	名　称	型号与规格	数　量	备　注
1	可调直流稳压电源	0～30 V	1	DG04
2	指针式万用表		1	自备
3	数字直流电压表	0～200 V	1	D31
4	数字直流电流表	0～200 mA	1	D31
5	半导体二极管	2CW51	1	DG09
6	绕线式线性电阻	8 W/1 kΩ	1	DG09
7	电位、电压测定实验电路板		1	DG05

4. 实验内容

(1)测量线性电阻的伏安特性

取 $R_L=1$ kΩ 绕线式线性电阻作为被测元件，按图 3-2 所示接好电路，经检查无误后，打开可调直流稳压电源开关，从 0 V 开始缓慢增加，一直加到 10 V，且将相应的电流值和电压值记录于表 3-2 中。

表 3-2　　线性电阻测试数据

U/V	0	2	4	6	8	10
I/mA						

(2)测量半导体二极管的伏安特性

实验用 2CW51 型半导体二极管 VD 作为被测元件，其主要参数为：最大整流电流 $I_F=100$ mA，最高反向工作电压 $V_R=250$ V。

①正向特性的测量

按图 3-3 所示电路连接电路，R 为限流电阻，阻值为 200 Ω，功率大于 0.25 W。测量半导体二极管正向特性时，其正向电流不宜过大，一般不超过 25 mA。半导体二极管正向电压可在 0～0.75 V 范围内取值，为了便于作图，在 0.5～0.75 V 范围内应多取几个测量点。并将相应电流值、电压值填入表 3-3 中。

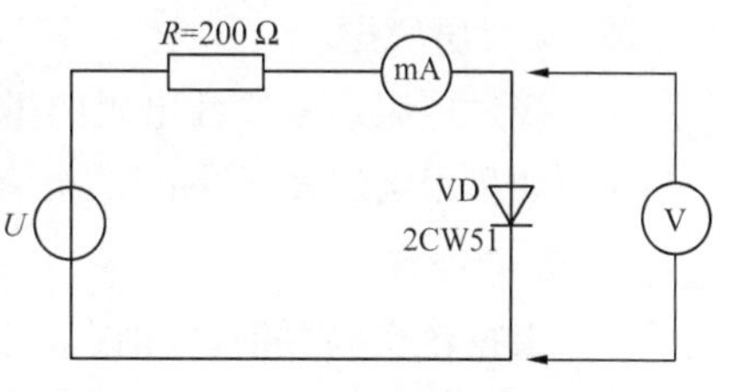

图 3-3　测量半导体二极管的伏安特性

表 3-3　　半导体二极管正向特性数据

U/V	0	0.2	0.4	0.5	0.55	0.6	0.65	0.7	0.75
I/mA									

②反向特性的测量

进行反向特性测量时，只需将图 3-3 中的电阻 R 换成 510 Ω，半导体二极管 VD 的两端对调方向，即反向连接。由于半导体二极管的反向电阻很大，流过它的电流很小，故数字直流电流表选用数字直流微安表为宜。将可调直流稳压电源的输出电压按表 3-1 设置，将测量的相应数据填入表 3-4 中。

表 3-4　　半导体二极管反向特性数据

U_0/V	0	0.5	1.0	1.2	1.8	2.5	3.5
U_Z/V							
I/mA							

③线性电阻元件伏安特性测量的实验方案设计*

设计任务为设计测定一阻值为 150 Ω、额定功率为 1/4 W 的线性电阻元件的伏安特性的实验方案。学生在研究实验目的，测量原理的基础上，需自行选择测量仪器仪表及设备、设计测试方案和实验线路图，制定测试步骤，根据实验内容拟定实验数据表格。设计方案完成后，在指导教师的审核和指导下验证与讨论实验改进方案、完成实验。

注　意

在实验方案设计过程中，应注意避免直流稳压电源短路。认真分析避免将待测电阻烧坏，直流稳压电源输出电压最大应不超过多少 V？

5. 实验注意事项

(1)测量半导体二极管正向特性时，可调直流稳压电源输出电压应由小到大逐渐增加，并时刻注意电流表读数。

(2)进行实验时，应先估算电压和电流值，合理选择仪表的量程，勿使仪表超量程，仪表的极性不可接错。

(3)测量电压时，用数字直流电压表测量，用负极接触 D 点，用正极接触 B 点，直接读出数显表上的电压值。

6. 预习思考题

(1)线性电阻与非线性电阻的概念是什么？二者的区别是什么？

(2)如果用电流表测量电压，会有什么后果？说明电压表、电流表在电路中的连接方法。

7. 实验报告

(1)根据各实验数据，分别在坐标纸上绘制出光滑的伏安特性曲线。

(2)根据实验结果，总结、归纳被测各元件的特性。

(3)进行必要的误差分析。

3.2　基尔霍夫定律及叠加原理的测定

1. 实验目的

(1)通过实验验证基尔霍夫定律的正确性，加深对其的理解。

(2)熟悉直流稳压电源、电压表、电流表的使用方法。

(3)验证线性电路叠加原理的正确性，加深对线性电路的叠加性和齐次性的认识和理解。

2. 实验原理

基尔霍夫定律是电路理论中基本定律之一，它包括基尔霍夫电压定律(KVL)及电流定律(KCL)。

基尔霍夫电流定律：在任意时刻，对电路中的任意节点而言，流进和流出节点电流的代数和等于零，即 $\sum I=0$。基尔霍夫电流定律规定节点上各支路电流的约束关系与支路元件的性质无关，不论元件是线性的或非线性的、含源的还是非含源的、时变的或是非时变的，该定律均适用。

基尔霍夫电压定律：在任意时刻，对电路中任何一个闭合回路而言，回路电压降的代数和等于零，即 $\sum U=0$。基尔霍夫电压定律表明了任一闭合回路中各支路电压降所必须遵循的规律，它是电压与路径无关性的反映。同样，这一结论只与电路结构有关，而与支路中元件的性质无关，不论这些元件是线性的或非线性的、含源的或非含源的、时变的或非时变的，该定律均适用。

叠加原理：在有多个独立源共同作用下的线性电路中，通过每一个元件的电流或其两端的电压，可以看成是由每一个独立源单独作用在该元件上时所产生的电流或电压的代数和。

线性电路的齐次性：当激励信号(某独立源的值)增加或减小 K 倍时，电路的响应(在电路中各电阻元件上所建立的电流和电压值)也将增加或减小 K 倍。

3. 实验设备(表 3-5)

表 3-5　　实验设备 2

序　号	名　称	型号与规格	数　量	备　注
1	可调直流稳压电源	0～30 V	1	DG04
2	可调直流恒流源	0～500 mA	1	DG04
3	数字直流电压表	0～200 V	1	D31
4	数字直流电流表	0～200 mA	1	D31
5	万用表		1	自备
6	基尔霍夫定律/叠加原理实验电路板		1	DG05

4. 实验内容

实验电路如图 3-4 所示。按图连接电路。其中 I_1、I_2、I_3 所在支路存在电流插座。先断开电路，调节直流稳压电源，使 $U_1=6$ V，$U_2=12$ V(U_1 为+6 V、+12 V 切换电源，把 U_1 切换到 6 V；U_2 为 0～30 V 可调电源，调节到 $U_2=12$ V)。

(1)基尔霍夫电流定律实验

①测试前先任意设定三条支路的电流参考方向，如图 3-4 中的 I_1、I_2、I_3 所示。熟悉电路结构，掌握各开关的操作方法。

②用数字直流电流表分别测量电流 I_1、I_2、I_3，测试时以 A 点为测量节点，数字直流电流表可通过电流插头插入各支路的电流插座中，即可测量该支路的电流。若数字直流电

流表指针反偏，说明极性相反，应将正、负极对调再重新读数。测量数据记入表 3-6 中。

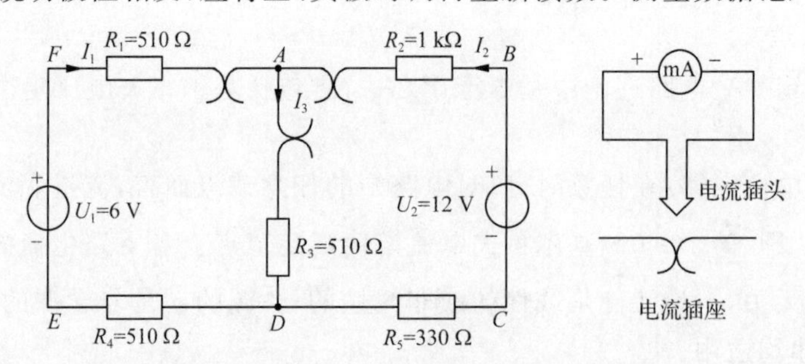

图 3-4 基尔霍夫定律/叠加原理电路图

(2)基尔霍夫电压定律实验

①用数字直流电压表或万用表测量电压 U_{AB}、U_{BC}、U_{CD}、U_{DE}、U_{EF}、U_{BE}、U_{AF} 的值。

②万用表的黑表笔应放在电位低点，若指针反偏，说明极性相反。测量数据记入表 3-6 中。

表 3-6 测试数据记录表

被测量	I_1/mA	I_2/mA	I_3/mA	U_{AB}/V	U_{BC}/V	U_{CD}/V	U_{DE}/V	U_{EF}/V	U_{FA}/V
计算值									
测量值									
相对误差									

(3)叠加原理的验证

实验电路如图 3-5 所示，按图连接电路。

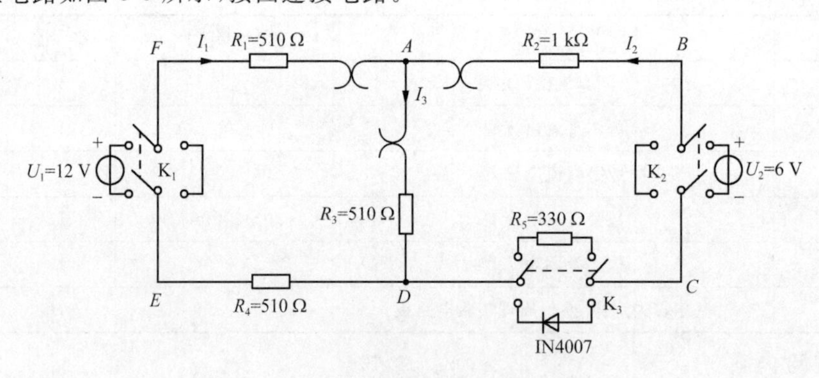

图 3-5 基尔霍夫定律/叠加原理电路图

①将两路可调直流稳压电源的输出电压分别调节为 12 V 和 6 V，接入 U_1 和 U_2 处。使得 $U_1=12$ V，$U_2=6$ V。

②令 U_1 电源单独作用(将开关 K_1 拨向 U_1 侧，开关 K_2 拨向短路侧)。用数字直流电压表和电流表(接电流插头)测量各支路电流及各电阻元件两端的电压，数据记入表 3-7。

③令 U_2 电源单独作用(将开关 K_1 拨向短路侧，开关 K_2 拨向 U_2 侧)，重复实验步骤②的测量和记录，数据记入表 3-7。

④令 U_1 和 U_2 共同作用(开关 K_1 和 K_2 分别拨向 U_1 和 U_2 侧)，重复上述的测量和

记录，数据记入表 3-7。

⑤将 U_2 的数值调至＋12 V，重复③的测量并记录，数据记入表 3-7。

表 3-7　　使用 330 Ω 电阻的实验数据

测量项目 实验内容	U_1/V	U_2/V	I_1/mA	I_2/mA	I_3/mA	U_{AB}/V	U_{CD}/V	U_{AD}/V	U_{DE}/V	U_{FA}/V
U_1 单独作用										
U_2 单独作用										
U_1、U_2 共同作用										
$2U_2$ 单独作用										

⑥将 R_5(330 Ω)换成二极管 IN4007(将开关 K_3 拨向二极管 IN4007 侧)，重复①～⑤的测量过程，将数据记入表 3-8。

表 3-8　　使用 IN4007 的实验数据

测量项目 实验内容	U_1/V	U_2/V	I_1/mA	I_2/mA	I_3/mA	U_{AB}/V	U_{CD}/V	U_{AD}/V	U_{DE}/V	U_{FA}/V
U_1 单独作用										
U_2 单独作用										
U_1、U_2 共同作用										
$2U_2$ 单独作用										

(4)叠加原理的实验设计*

实验设计的任务：实验室可提供设备和元器件如下：直流稳压电源一台、数字万用表一只、毫安表一块；100 Ω、200 Ω 电阻各 2 个，150 Ω 电阻 1 个，电阻的功率均为 1/4 W。根据提供的设备及元器件，设计一含有二个电压源、二个网孔的线性网络(所提供的电阻至少选用 3 个)，验证叠加定理。

实验设计的要求：①自行设计实验电路，并进行相应的理论计算，要求计算出电路中各元件的电压、电流及功率的大小，也可利用相应的仿真软件通过电路仿真给出相应的结果。②详细拟定实验步骤，列出实验数据表格；③实验方案经教师检查通过后，才可进行实验操作搭接电路进行测试，验证叠加定理。

5. 实验注意事项

(1)所有需要测量的电压值，均以数字直流电压表测量的读数为准，不以电源表盘指示值为准。

(2)若用指针式仪表进行测量时按参考方向测量，则仪表指针可能反偏，此时必须调换仪表的极性，重新测量，虽指针正偏，但所得数值应计为负值。

(3)用电流插头测量各支路电流或者用电压表测量电压降时，应注意仪表的极性，并应正确判断测得值的正负号。

(4)注意仪表量程的及时更换。

6. 预习思考题

(1)根据已知电路参数,计算被测电流和各电阻的电压降并将其作为理论依据,以便分析产生误差的原因。

(2)测试时,若用指针式万用表测量电压或电流,在什么情况下指针反偏？应当如何处理？在记录数据时应注意什么？若用数字式万用表进行测量,会有什么显示？

(3)已知某支路电流为 3 mA,现有量程分别为 5 mA 和 10 mA 的两只电流表,选用哪一只电流表进行测量？为什么？

7. 实验报告

(1)根据实验数据选定一个节点和一个回路,验证基尔霍夫电流定律和电压定律的正确性。

(2)对比理论数值与实验测量数据,分析误差产生的原因。

(3)根据实验数据表格,进行分析、比较,归纳、总结实验结论,即验证线性电路的叠加性与齐次性。

(4)各电阻所消耗的功率能否用叠加原理计算得出？试用上述实验数据,进行计算并得出结论。

(5)根据叠加原理的验证中的步骤⑥及表 3-8 的数据,你能得出什么样的结论？

3.3 戴维南定理的验证及电源等效变换

1. 实验目的

(1)验证戴维南定理的正确性,加深对该定理的理解。

(2)掌握测量有源二端网络等效参数的一般方法。

(3)掌握电源外特性的测试方法。

(4)验证电压源与电流源等效变换的条件。

2. 实验原理

(1)对于任何一个线性含源网络,如果仅研究其中一条支路的电压和电流,则可将电路的其余部分看作是一个有源二端网络(或称为含源一端口网络)。

戴维南定理指出:任何一个线性有源二端网络,总可以用一个电压源与一个电阻的串联来等效代替,此电压源的电动势 U_S 等于这个有源二端网络的开路电压 U_{OC},其等效内阻 R_0 等于该网络中所有独立源均置零(理想电压源视为短路,理想电流源视为开路)时的等效电阻。

$U_{OC}(U_S)$和 R_0 或者 $I_{SC}(I_S)$和 R_0 称为有源二端网络的等效参数。

(2)对于一个线性有源二端网络等效参数的测量通常有以下几种方法:

①开路电压、短路电流法测 R_0

在有源二端网络输出端开路时,用电压表直接测其输出端的开路电压 U_{OC},然后再将其输出端短路,用电流表测其短路电流 I_{SC},则等效内阻为

$$R_0=\frac{U_{OC}}{I_{SC}}$$

如果有源二端网络的内阻很小，若将其输出端短路则易损坏其内部元件，因此不宜用此法。

②伏安法测 R_0

用电压表、电流表测出有源二端网络的外特性曲线，如图 3-6 所示。根据外特性曲线求出斜率 $\tan\varphi$，则等效内阻为

$$R_0=\tan\varphi=\frac{\Delta U}{\Delta I}=\frac{U_{OC}}{I_{SC}}$$

也可以先测量开路电压 U_{OC}，再测量电流为额定值 I_N 时的输出端电压 U_N，则等效内阻为 $R_0=\frac{U_{OC}-U_N}{I_N}$。

③半电压法测 R_0

如图 3-7 所示，当负载电压为被测有源二端网络开路电压的一半时，负载电阻（由电阻箱的读数确定）即被测有源二端网络的等效内阻。

④零示法测 U_{OC}

在测量具有高内阻有源二端网络的开路电压时，用电压表直接测量会造成较大的误差。为了消除电压表内阻的影响，往往采用零示法测量，如图 3-8 所示。

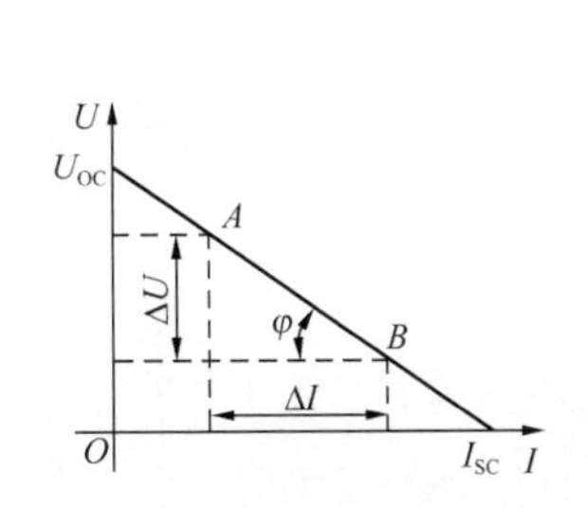

图 3-6　伏安法测 R_0

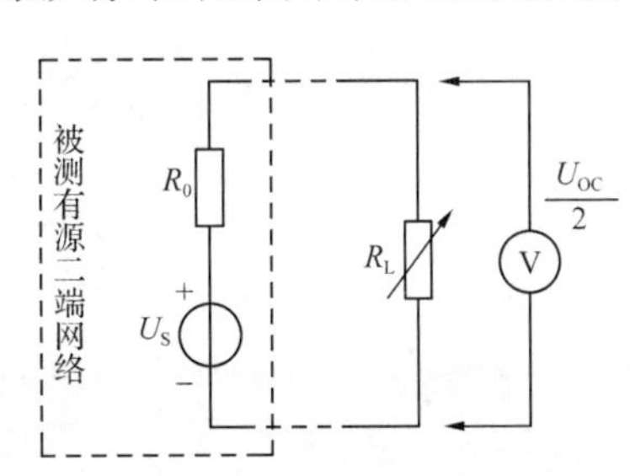

图 3-7　半电压法测 R_0

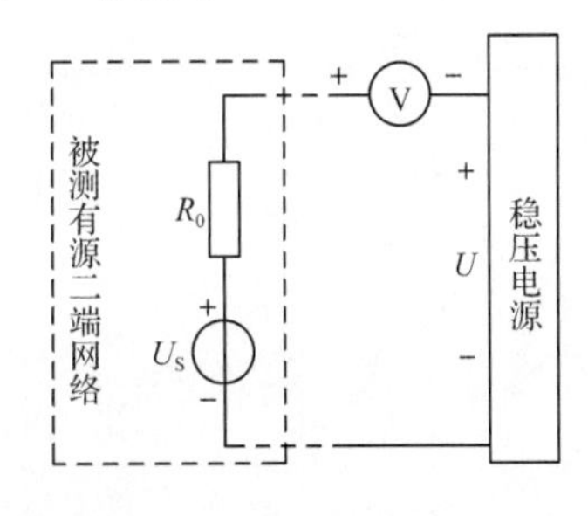

图 3-8　零示法测 U_{OC}

零示法测量原理是用低内阻的稳压电源与被测有源二端网络进行比较，当稳压电源的输出电压与有源二端网络的开路电压相等时，电压表的读数将为“0”。然后将电路断开，测量此时稳压电源的输出电压，即被测有源二端网络的开路电压。

（3）一个直流稳压电源在一定的电流范围内，具有很小的内阻。故在实际应用中，常将它视为一个理想的电压源，即其输出电压不随负载电流而变化。其外特性曲线，即伏安特性曲线 $U=f(I)$ 是一条平行于 I 轴的直线。一个实际应用中的恒流源在一定的电压范围内，可视为一个理想的电流源。

（4）一个实际的电压源（或电流源），其端电压（或输出电流）不可能不随负载而变，因为它具有一定的内阻。故在实验中，用一个小阻值的电阻（或大电阻）与稳压电源（或恒流源）相串联（或并联）来模拟一个实际的电压源（或电流源）。

（5）一个实际的电源，就其外部特性而言，既可以看成是一个电压源，又可以看成是一个电流源。若视为电压源，则可用一个理想的电压源 U_S 与一个电阻 R_0 相串联的组合来表示；若视为电流源，则可用一个理想电流源 I_S 与一个电导 g_0 相并联的组合来表示。如

果这两种电源能向同样大小的负载提供同样大小的电流和端电压，则称这两个电源是等效的，即具有相同的外特性。

一个电压源与一个电流源等效变换(图 3-9)的条件为

$$I_S=\frac{U_S}{R_0},g_0=\frac{1}{R_0}\text{或}U_S=I_SR_0,R_0=\frac{1}{g_0}$$

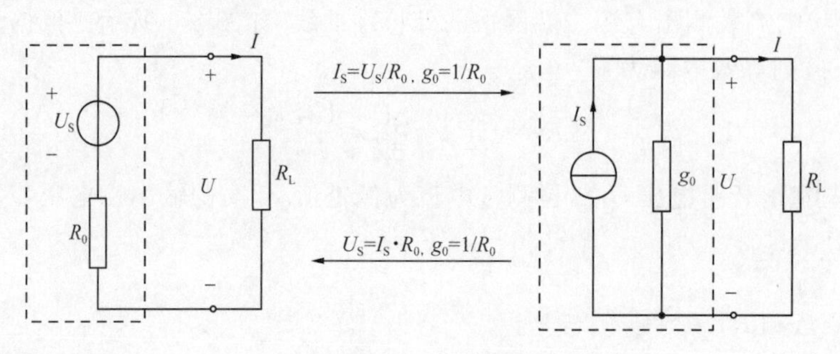

图 3-9 电压源与电流源的等效变换

3. 实验设备(表 3-9)

表 3-9 实验设备 3

序号	名称	型号与规格	数量	备注
1	可调直流稳压电源	0～30 V	1	DG04
2	可调直流恒流源	0～500 mA	1	DG04
3	数字直流电压表	0～200 V	1	D31
4	数字直流电流表	0～200 mA	1	D31
5	万用表		1	自备
6	可变电阻箱	0～99 999.9 Ω	1	DG09
7	电位器	1 kΩ/2 W	1	DG09
8	戴维南定理实验电路板		1	DG05
9	电阻	51 Ω，200 Ω，300 Ω，1 kΩ	各 1	DG09

4. 实验内容

(1)戴维南定理的验证

①用开路电压、短路电流法测定戴维南等效电路的 U_{OC}、R_0 和诺顿等效电路的 I_{SC}、R_0。被测有源二端网络如图 3-10(a)所示，按图 3-10(a)接入可调直流稳压电源 $U_S=12$ V 和可调直流恒流源 $I_S=10$ mA，不接入 R_L。测量 U_{OC} 和 I_{SC}，并计算出 R_0(测量 U_{OC} 时，不接入毫安表)，所测得数据和计算的数据记入表 3-10 中。

表 3-10 戴维南等效电路的实验数据记录表

待测量	U_{OC}/V	I_{SC}/mA	$R_0=U_{OC}\cdot I_{SC}^{-1}/\Omega$
测试数据			

②负载实验。按图 3-10(a)所示接入 R_L。改变 R_L 阻值，测量有源二端网络输出的电压分别为 0、2 V、4 V、…、11 V 时的输出电流，所测数据记录在表 3-11 中，绘制有源二端

网络的外特性曲线。

表 3-11　有源二端网络外特性的实验数据记录表

U/V	0	2	4	6	7	8	9	10	11
I/mA									

③验证戴维南定理。从可变电阻箱上取得按上述步骤①所得的等效电阻 R_0，然后令其与可调直流稳压电源(调到步骤①时所测得的开路电压 U_{OC})相串联，如图3-10(b)所示，仿照步骤②测量其外特性，对戴维南定理进行验证。将数据记录在表 3-12 中。

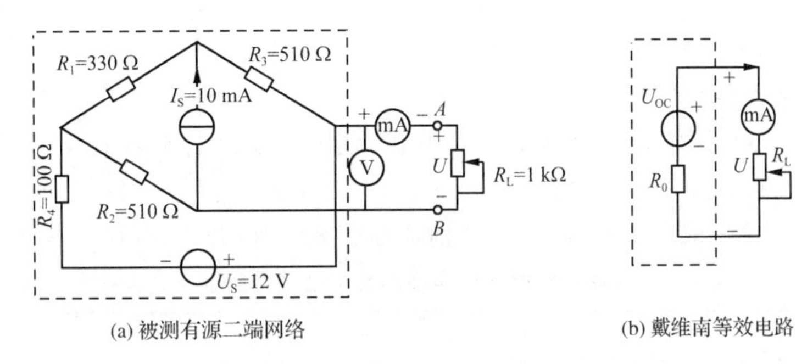

(a) 被测有源二端网络　　(b) 戴维南等效电路

图 3-10　戴维南定理的验证

表 3-12　戴维南定理验证的实验数据记录表

U/V	0	2	4	6	7	8	9	10	11
I/mA									

(2)电源的等效变换

①测量可调直流稳压电源与实际电压源的外特性

● 按图 3-11 所示接线。调节直流稳压电源使 U_S 为+6 V。调节 R_2(R_2 使用可变电阻箱)，令其阻值由大到小变化，记录数字直流电压表和电流表的读数，并记录在表 3-13 中。

表 3-13　可调直流稳压电源外特性测试的实验数据记录表

R_2/Ω	470	450	400	300	200	100	0
U/V							
I/mA							

● 按图 3-12 所示接线，虚线框的一个+6 V 可调直流稳压电源与 51 Ω 电阻串联可模拟为一个实际电压源。调节 R_2(R_2 使用可变电阻箱)，令其阻值由大到小变化，记录数字直流电压表和电流表的读数，并记录在表 3-14 中。

表 3-14　实际电源外特性测试的实验数据记录表

R_2/Ω	470	450	400	300	200	100	0
U/V							
I/mA							

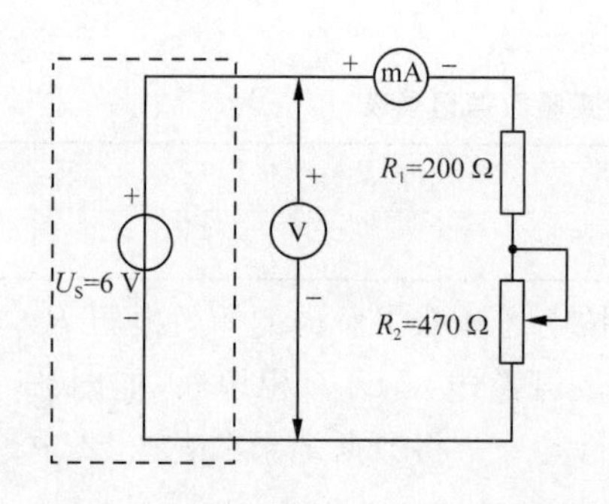

3-11　测量可调直流稳压电源的外特性

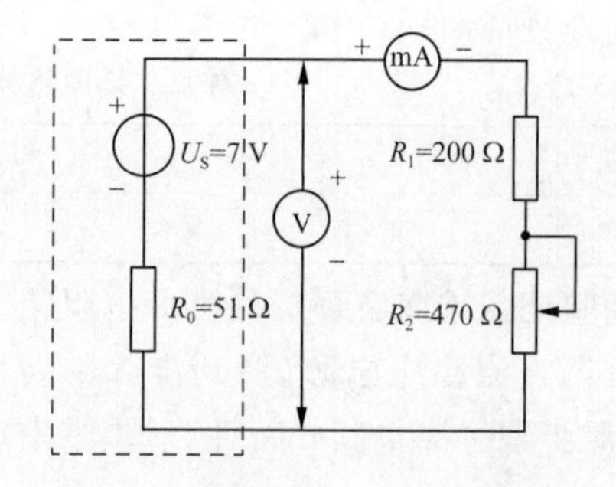

图 3-12　测量实际电压源的外特性

②测量电流源的外特性

按图 3-13 所示接线，I_S 为可调直流恒流源，调节其输出电流为 10 mA，令 R_0 分别为 1 kΩ 和∞（接入和断开），调节电位器 R_L（0～470 Ω），测出这两种情况下的数字直流电压表和电流表的读数。记录实验数据，并分别填在表 3-15 和表 3-16 中。

表 3-15　　不接入 1 kΩ 电阻时电流源外特性测试的实验数据记录表

R_2/Ω	0	100	200	300	400	450	470
U/V							
I/mA							

表 3-16　　接入 1 kΩ 电阻时电流源外特性测试的实验数据记录表

R_2/Ω	0	100	200	300	400	450	470
U/V							
I/mA							

③测量电源等效变换的条件

先按图 3-14（a）所示电路接线，记录数字直流电压表和电流表的读数后利用图 3-14(a) 中右侧的元件和仪表，按图 3-14(b)所示接线。调节可调直流恒流源的输出电流 I_S，使数字直流电压表和电流表的读数与按图 3-14(a)所示接线的数值相等，记录 I_S 的值，并把数据记录在表 3-17 中，以验证等效变换条件的正确性。

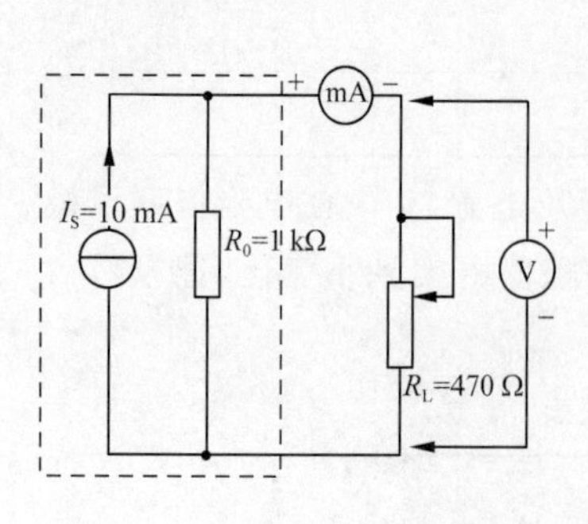

图 3-13　测量电流源的外特性

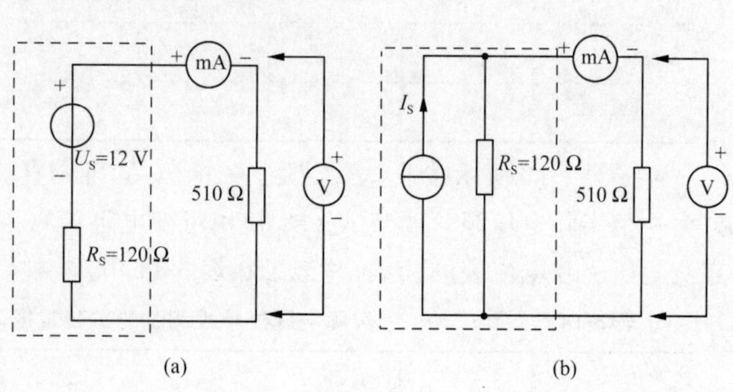

图 3-14　测量电源等效变换的条件

表 3-17　　测量电源等效变换的实验数据记录表

被测量	U/V	I/mA	I_S/mA
测量值			

5. 实验注意事项

(1)测量时应注意数字直流电流表量程的更换。

(2)用万用表直接测 R_0 时,有源二端网络内的独立源必须先置零,以免损坏万用表。其次,欧姆挡必须经调零后再进行测量。

(3)在测电压源外特性时,不要忘记测量空载时的电压值;在测量电流源外特性时,不要忘记测量短路时的电流值;注意可调直流恒流源负载电压不要超过 20 V,负载不要开路。

(4)直流仪表的接入应注意极性与量程。

(5)改接电路时,要先关掉电源。

6. 预习思考题

(1)在验证戴维南等效电路时,作短路实验,测量 I_{SC} 的条件是什么?在本实验中可否直接作负载短路实验?请实验前对图 3-14(a)所示电路预先做好计算,以便调整实验电路以及测量时可准确地选取仪表的量程。

(2)说明测量有源二端网络开路电压及等效内阻的常用方法,并比较其优缺点。

(3)通常直流稳压电源的输出端不允许短路,直流恒流源的输出端不允许开路,为什么?

(4)电压源与电流源的外特性为什么呈下降变化趋势?稳压源和恒流源的输出在任何负载下是否保持恒值?

(5)* 若有一函数信号发生器,试应用戴维南定理的原理设计测量该信号源内阻的实验方案。

7. 实验报告

(1)根据实验内容中的表 3-11 和表 3-12 所记录的数据,分别绘制曲线,验证戴维南定理的正确性,并分析产生误差的原因。

(2)根据实验数据绘出电源的四条外特性曲线,并总结、归纳各类电源的特性。

(3)根据实验结果,验证电源等效变换的条件。

(4)归纳、总结实验结果。

(5)心得体会及其他。

3.4　受控源 VCVS、VCCS、CCVS、CCCS 的实验

1. 实验目的

通过测试受控源的外特性及其转移参数,进一步理解受控源的概念,加深对受控源的认识和理解。

2. 实验原理

(1)电源有独立电源(如电池、发电机等)与非独立电源(或称为受控源)之分。

受控源与独立电源的不同点是:独立电源的电势 E_s 或电激流 I_s 是某一固定的数值或是时间的某一函数,它不随电路其余部分的状态而变。而受控源的电势或电激流则是随电路中另一支路的电压或电流的变化而改变的一种电源。

受控源与无源元件不同点是:无源元件两端的电压与通过其自身的电流有一定的函数关系,而受控源的输出电压或电流则和另一支路(或元件)的电流或电压有某种函数关系。

(2)独立电源与无源元件是二端器件;受控源则是四端器件,它有一对输入端(U_1、I_1)和一对输出端(U_2、I_2),又称为双口元件,其输入端可以控制输出端电压或电流的大小。施加于输入端的控制量可以是电压或电流,因而有两种受控电压源(电压控制电压源 VCVS 和电流控制电压源 CCVS)和两种受控电流源(电压控制电流源 VCCS 和电流控制电流源 CCCS),如图 3-15 所示。

(3)当受控源的输出电压(或电流)与控制支路的电压(或电流)成正比变化时,则称该受控源是线性的。

理想受控源的控制支路中只有一个独立变量(电压或电流),另一个独立变量等于零,即从输入端看,理想受控源是短路(输入电阻 $R_1=0$,因而输入电压 $U_1=0$)或者是开路(输入电导 $G_1=0$,因而输入电流 $I_1=0$);从输出端看,理想受控源是一个理想电压源或者是一个理想电流源。

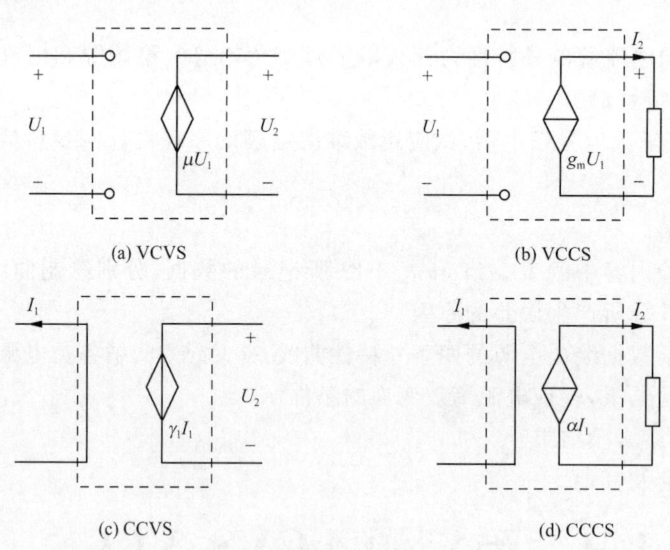

图 3-15 受控源

(4)受控源的控制端与受控端的关系式称为转移函数。

四种受控源的转移函数参量的定义如下:

①电压控制电压源(VCVS):$U_2=f(U_1)$,$\mu=U_2/U_1$ 称为转移电压比(或电压增益)。

②电压控制电流源(VCCS):$I_2=f(U_1)$,$g_m=I_2/U_1$ 称为转移电导。

③电流控制电压源(CCVS):$U_2=f(I_1)$,$r_m=U_2/I_1$称为转移电阻。

④电流控制电流源(CCCS):$I_2=f(I_1)$,$\alpha=I_2/I_1$ 称为转移电流比(或电流增益)。

3. 实验设备(表 3-18)

表 3-18　　实验设备 4

序　号	名　称	型号与规格	数　量	备　注
1	可调直流稳压电源	0～30 V	1	DG04
2	可调恒流源	0～500 mA	1	DG04
3	直流数字电压表	0～200 V	1	D31
4	直流数字毫安表	0～200 mA	1	D31
5	可变电阻箱	0～99 999.9 Ω	1	DG09
6	受控源实验电路板		1	DG04

4. 实验内容

(1)测量受控源 VCVS 的转移特性 $U_2=f(U_1)$及负载特性 $U_2=f(I_L)$,实验电路如图 3-16 所示。

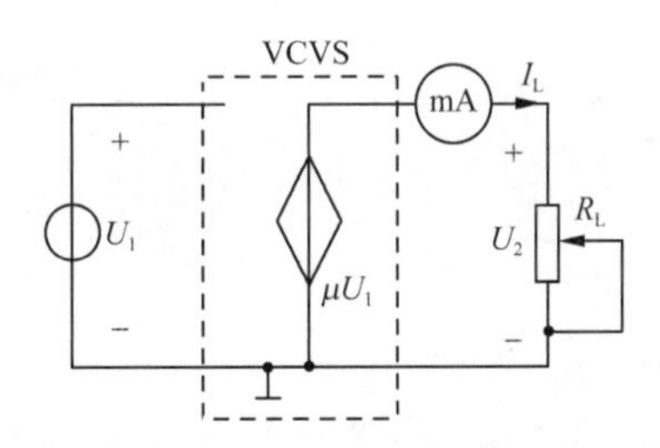

图 3-16　测量 VCVS 的转移特性及负载特性

①不接电流表,固定 $R_L=2$ kΩ,调节可调直流稳压电源输出电压 U_1,测量与 U_1 相应的 U_2 值,记入表 3-19 中。并在坐标纸上绘制电压转移特性曲线 $U_2=f(U_1)$,并利用其线性部分求出转移电压比 μ。

表 3-19　　VCVS 电压转移特性测量的实验数据记录表

U_1/V	0	1	2	3	5	7	8	9	μ
U_2/V									

②接入电流表,保持 $U_1=2$ V,调节 R_L 可变电阻箱的阻值,测量 U_2 及 I_L,并把数据记入表 3-20 中,然后绘制负载特性曲线 $U_2=f(I_L)$。

表 3-20　　VCVS 负载特性测量的实验数据记录表

R_L/Ω	50	70	100	200	300	400	500	∞
U_2/V								
I_L/mA								

(2)测量受控源 VCCS 的转移特性 $I_L=f(U_1)$及负载特性 $I_L=f(U_2)$,实验电路如

图 3-17 所示。

①固定 $R_L=2\ k\Omega$，调节可调直流稳压电源的输出电压 U_1，测出相应的 I_L 值，记入表 3-21 中，并绘制 $I_L=f(U_1)$ 曲线，并由其线性部分求出转移电导 g_m。

表 3-21 VCCS 转移特性测量的实验数据记录表

U_1/V	0.1	0.5	1.0	2.0	3.0	3.5	3.7	4.0	g_m
I_L/mA									

②保持 $U_1=2$ V，令 R_L 从大到小变化，测出相应的 I_L 及 U_2 值，记入表 3-22 中，并绘制 $I_L=f(U_2)$ 曲线。

表 3-22 VCCS 负载特性测量的实验数据记录表

R_L/kΩ	50	20	10	8	7	6	5	4	2	1
I_L/mA										
U_2/V										

(3)测量受控源 CCVS 的转移特性 $U_2=f(I_1)$ 与负载特性 $U_2=f(I_L)$，实验电路如图 3-18 所示。

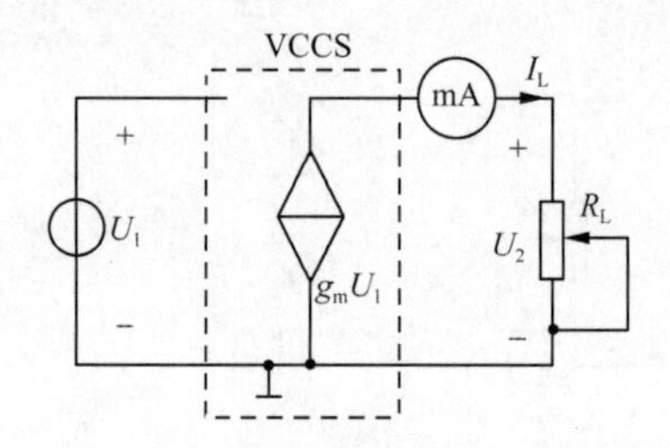

图 3-17 测量 VCCS 的转移特性及负载特性

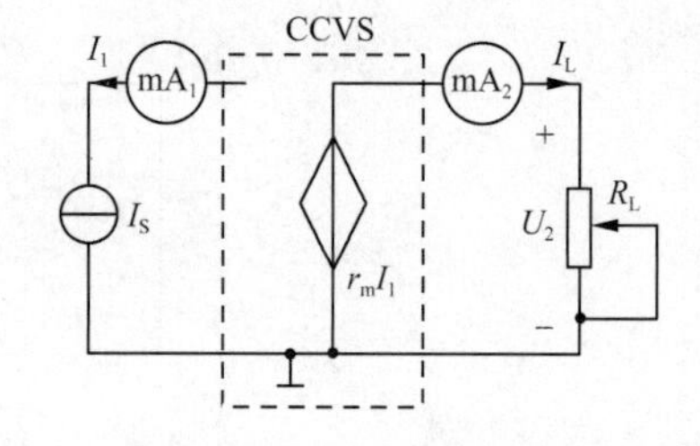

图 3-18 测量 CCVS 的转移特性及负载特性

①固定 $R_L=2\ k\Omega$，调节可调恒流源的输出电流 I_S，按表 3-23 所列 I_1 值，测出 U_2 值，记入表 3-23 中，并绘制 $U_2=f(I_1)$ 曲线，并由其线性部分求出转移电阻 r_m。

表 3-23 CCVS 转移特性测量的实验数据记录表

I_1/mA	0.1	1.0	3.0	5.0	7.0	8.0	9.0	9.5	r_m
U_2/V									

②保持 $I_S=2$ mA，按表 3-24 所列 R_L 值，测出 U_2 及 I_L 值，记入表 3-24 中，并绘制负载特性曲线 $U_2=f(I_L)$。

表 3-24 CCVS 负载特性测量的数据记录表

R_L/kΩ	0.5	1	2	4	6	8	10
U_2/V							
I_L/mA							

(4)测量受控源 CCCS 的转移特性 $I_L=f(I_1)$ 及负载特性 $I_L=f(U_2)$，实验电路如图 3-19 所示。

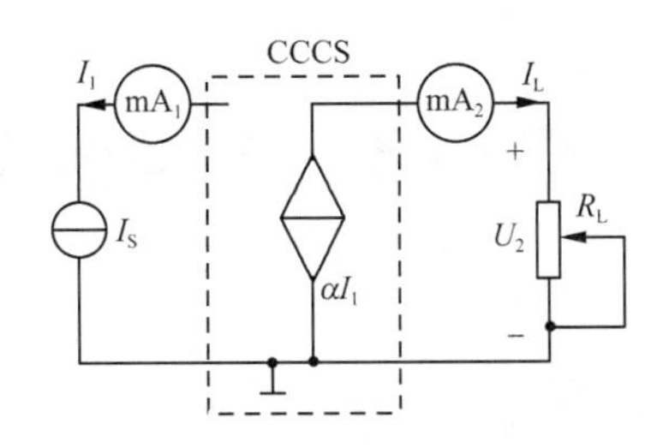

图 3-19　测量 CCCS 的转移特性及负载特性

①与实验内容中的(3)①类似，使 $R_L=2$ kΩ，调节可调恒流源的输出电流 I_S，按表 3-25 所列值测出 I_L 值，所测得数值记录在表 3-25 中，并绘制 $I_L=f(I_1)$ 曲线，并由其线性部分求出转移电流比 α。

表 3-25　　CCCS 转移特性测量的实验数据记录表

I_S/mA	0.1	0.2	0.5	1	1.5	2	2.2	α
I_L/mA								

②保持 $I_S=1$ mA，令 R_L 为表 3-26 所列值，测出 I_L 的值，记入表 3-26 中，并绘制 $I_L=f(U_2)$ 曲线。

表 3-26　　CCCS 负载特性测量的实验数据记录表

R_L/kΩ	0	0.1	0.5	1	2	5	10	20	30	80
I_L/mA										
U_2/V										

5. 实验注意事项

(1)每次组装电路时，必须先断开供电电源，但不必关闭电源总开关。

(2)用恒流源供电的实验中，不要使恒流源的负载开路。

6. 预习思考题

(1)受控源和独立电源相比有何异同点？比较四种受控源的代号、电路模型、控制量与被控量的关系。

(2)四种受控源中的 r_m、g_m、α 和 μ 的意义是什么？如何测得？

(3)若受控源控制量的极性反向，试问其输出极性是否发生变化？

(4)受控源的控制特性是否适用于交流信号？

(5)如何由基本的 CCVS 和 VCCS 获得 CCCS 和 VCVS？它们的输入/输出如何连接？

7. 实验报告

(1)根据实验数据，在坐标纸上分别绘制四种受控源的转移特性和负载特性曲线，并求出相应的转移参量。

(2)回答预习思考题。

(3)对实验的结果做出合理的分析和结论，总结对四种受控源的认识和理解。

(4)心得体会及其他。

3.5 RC 一阶电路的响应测试

1. 实验目的

(1)测定 RC 一阶电路的零输入响应、零状态响应及完全响应。

(2)学习电路时间常数的测量方法。

(3)掌握有关微分电路和积分电路的概念。

(4)进一步学会用示波器观测波形。

2. 实验原理

(1)动态网络的过渡过程是十分短暂的单次变化过程。要用普通示波器观察过渡过程和测量有关的参数,就必须使这种单次变化的过程重复出现。为此,我们利用信号发生器输出的方波来模拟阶跃激励信号,即将方波输出的上升沿作为零状态响应的正阶跃激励信号;将方波的下降沿作为零输入响应的负阶跃激励信号。只要选择方波的重复周期远大于电路的时间常数 τ,那么电路在这样的方波序列脉冲信号的激励下,它的响应就和直流电接通与断开的过渡过程是基本相同的。

(2)如图 3-20(a)所示的 RC 一阶电路,其零输入响应和零状态响应分别按指数规律衰减和增长,其变化的快慢决定电路的时间常数 τ。用示波器测量零输入响应的波形如图 3-20(a)所示,零状态响应波形如图 3-20(b)所示。

(3)时间常数 τ 的测定方法如下:

根据一阶微分方程的求解得知 $u_C=U_m e^{-\frac{t}{RC}}=U_m e^{-\frac{t}{\tau}}$。当 $t=\tau$ 时,$u_C=0.368U_m$,此时所对应的时间就等于 τ。亦可用零状态响应波形增加到 $0.632U_m$ 所对应的时间测得,如图 3-20(c)所示。

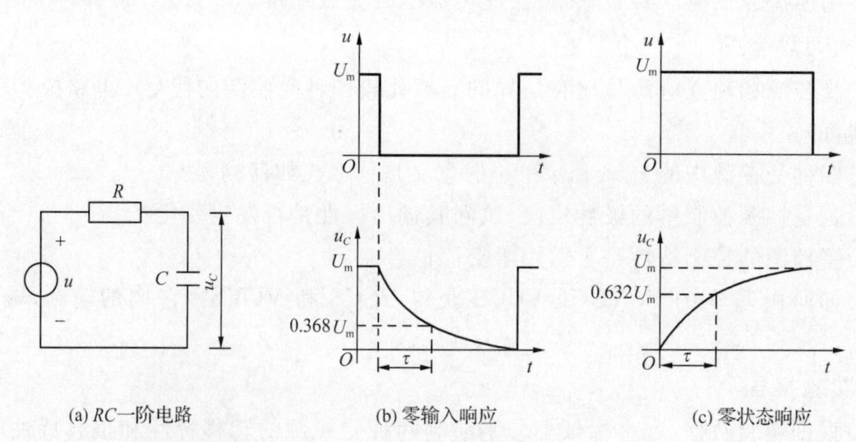

(a) RC一阶电路　(b) 零输入响应　(c) 零状态响应

图 3-20　RC 一阶电路原理图

(4)微分电路和积分电路是 RC 一阶电路中较典型的电路,它对电路元件参数和输入信号的周期有特定的要求。微分电路和积分电路如图 3-21 所示。一个简单的 RC 串联电路，在方波序列脉冲的重复激励下，当满足 $\tau=RC\ll\frac{T}{2}$（T 为方波脉冲的重复周期），且由 R 两端的电压作为响应输出时，该电路就是一个微分电路。因为此时电路的输出信号电压与输入信号电压的微分成正比。利用如图 3-21(a)所示微分电路，可以将方波转变成尖脉冲。

若将图 3-21(a)中的 R 与 C 位置调换一下，如图 3-21(b)所示，由 C 两端的电压作为响应输出，且当电路的参数满足 $\tau=RC\gg\frac{T}{2}$ 时，则该 RC 电路称为积分电路。因为此时电路的输出信号电压与输入信号电压的积分成正比。利用如图 3-21(b)所示积分电路，可以将方波转变成三角波。

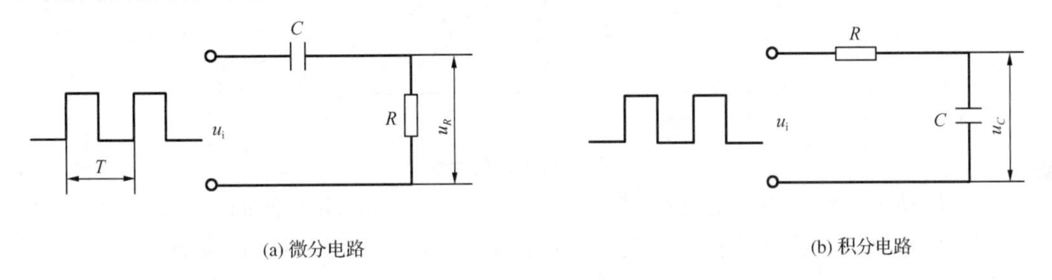

图 3-21　RC 一阶电路中的典型电路

从输入/输出波形来看，上述两个电路均起着波形变换的作用，请在实验过程中仔细观察与记录。

(5)耦合电路是 RC 一阶电路在工程技术中的应用之一。耦合电路广泛存在于各种放大电路的前后级连接处，实现能量或信号的传递。如图 3-22 所示为 RC 耦合电路原理图。如果前一级电路传送来的信号中既包含直流分量又包含交流分量，那么经过耦合电路后，信号中的直流分量将被滤除，下一级信号与前一级信号的交流成分相同。

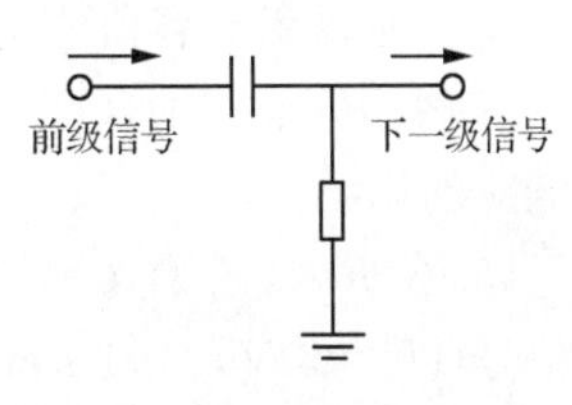

图 3-22　RC 耦合电路

由图 3-21(a)所示电路与图 3-22 电路基本相同，当时间常数 $\tau=RC\ll\frac{T}{2}$ 时，此电路为 RC 微分电路，当 $\tau>T$ 时即为 RC 耦合电路。

3. 实验设备(表 3-27)

表 3-27　实验设备 5

序　号	名　称	型号与规格	数　量	备　注
1	函数信号发生器		1	DG03
2	双踪示波器		1	自备
3	动态实验电路板		1	DG07

4. 实验内容

动态实验电路板的器件组件如图 3-23 所示，请认清 R、C 元件的布局及其标称值，以及各开关的通断位置等。

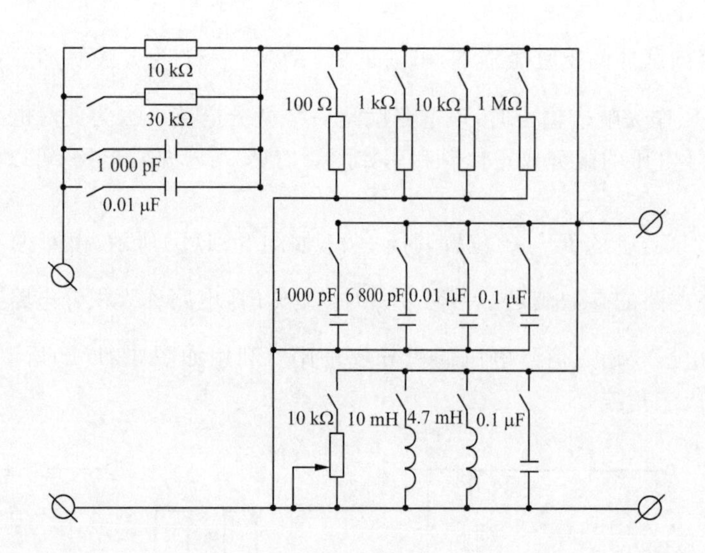

图 3-23　动态实验电路板

(1)从动态实验电路板上选择 $R=10\ \text{k}\Omega$,$C=6\ 800\ \text{pF}$ 组成的如图 3-21(b)所示的 RC 充放电电路。u_{i} 为脉冲信号发生器输出的 $U_{\text{m}}=3\ \text{V}$、$f=1\ \text{kHz}$ 的方波电压信号,并通过两根同轴电缆,将激励源 u_{i} 和响应 u_C 的信号分别连至双踪示波器的两个输入插口 Y_{A} 和 Y_{B}。这时可在双踪示波器的屏幕上观察到激励与响应的变化规律,请测算出时间常数 τ,并用坐标纸按 1∶1 的比例描绘波形。

少量地改变电容值或电阻值,定性地观察对响应的影响,并记录观察到的现象。

(2)令 $R=10\ \text{k}\Omega$,$C=0.1\ \mu\text{F}$,观察并描绘响应的波形,继续增大 C 的值,定性地观察对响应的影响。

(3)令 $R=100\ \Omega$,$C=0.01\ \mu\text{F}$,组成如图 3-21(a)所示的微分电路。在同样的方波激励信号($U_{\text{m}}=3\ \text{V}$,$f=1\ \text{kHz}$)作用下,观测并描绘激励与响应的波形。增减 R 的值,定性地观察对响应的影响,并做记录。当 R 增至 $1\ \text{M}\Omega$ 时,输入/输出波形有何本质上的区别?

5. 实验注意事项

(1)调节电子仪器各旋钮时,动作不要过快、过猛。实验前,需熟读双踪示波器的使用说明书。观察双踪示波器时,要特别注意相应开关、旋钮的操作与调节。

(2)信号源的接地端与双踪示波器的接地端要连在一起(称为共地),以防外界干扰而影响测量的准确性。

(3)示波器的辉度不应过亮,尤其是光点长期停留在荧光屏上不动时,应将辉度调暗,以延长示波管的使用寿命。

6. 预习思考题

(1)什么样的电信号可作为 RC 一阶电路零输入响应、零状态响应和完全响应的激励源?

(2)已知 RC 一阶电路中 $R=10\ \text{k}\Omega$,$C=0.1\ \mu\text{F}$,试计算时间常数 τ,并根据 τ 值的物理意义,拟订测量 τ 的方案。

(3)何谓积分电路和微分电路？它们必须具备什么条件？它们在方波序列脉冲的激励下，其输出信号波形的变化规律如何？这两种电路有何功用？微分电路与耦合电路有什么区别？如何调节时间常数 τ，使微分电路转变为耦合电路？

(4)预习要求：熟读仪器使用说明，回答上述问题，准备坐标纸。

7. 实验报告

(1)根据实验观测结果，在坐标纸上绘制 RC 一阶电路充放电时 u_C 的变化曲线，由曲线测得 τ 值，并与参数值的计算结果做比较，分析产生误差的原因。

(2)根据实验观测结果，归纳、总结积分电路和微分电路的形成条件，阐明波形变换的特征。

(3)心得体会及其他。

3.6　二阶动态电路响应的研究

1. 实验目的

(1)学习用实验的方法来研究二阶动态电路的响应，了解电路元件参数对响应的影响。

(2)观察、分析二阶动态电路响应的三种状态轨迹及其特点，以加深对二阶动态电路响应的认识与理解。

2. 实验原理

一个二阶动态电路在方波正、负阶跃信号的激励下，可获得零状态与零输入响应，其响应的变化轨迹决定于电路的固有频率。当调节电路的元件参数值，使电路的固有频率分别为负实数、共轭复数及虚数时，可获得单调的衰减、衰减振荡和等幅振荡的响应。在实验中可获得过阻尼、欠阻尼和临界阻尼这三种响应图形。

简单而典型的二阶动态电路是一个 RLC 串联电路和 GCL 并联电路，这二者之间存在着对偶关系。本实验仅对 GCL 并联电路进行研究。

3. 实验设备(表 3-28)

表 3-28　实验设备 6

序　号	名　称	型号与规格	数　量	备　注
1	脉冲信号发生器		1	DG03
2	双踪示波器		1	自备
3	动态实验电路板		1	DG07

4. 实验内容

动态实验电路板与 3.5 中实验的动态实验电路板相同，如图 3-23 所示。利用动态实验电路板中的元件与开关的配合作用，组成如图 3-24 所示的 GCL 并联电路。

令 $R_1=10\ \text{k}\Omega$，$L=4.7\ \text{mH}$，$C=1\ 000\ \text{pF}$，R_2 为 10 kΩ 可变电阻器。令脉冲信号发

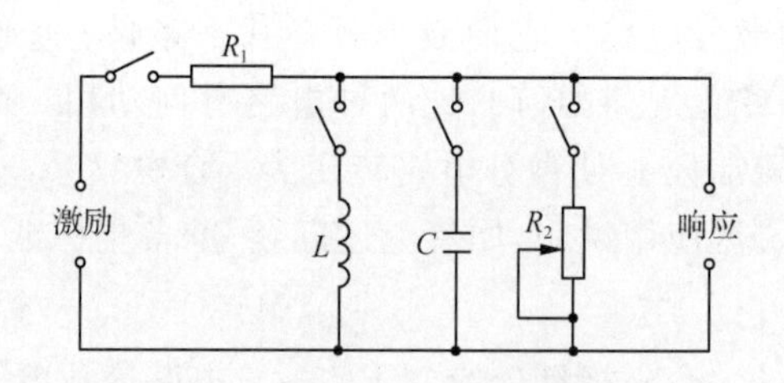

图 3-24　二阶动态实验电路原理图

生器的输出为 $U_m=1.5$ V、$f=1$ kHz 的方波脉冲，通过同轴电缆接至图 3-24 所示电路中的激励端，同时用同轴电缆将激励端和响应输出接至双踪示波器的 Y_A 和 Y_B 两个输入插口。

(1)调节可变电阻器 R_2 之值，观察二阶动态电路的零输入响应和零状态响应由过阻尼过渡到临界阻尼，最后过渡到欠阻尼的变化过渡过程，分别定性地描绘、记录响应的典型变化波形。

(2)调节 R_2 使双踪示波器荧光屏上呈现稳定的欠阻尼响应波形，定量测量此时电路的衰减常数 α 和振荡频率 ω_d。

(3)改变一组电路参数，如增、减 L 或 C 之值，重复步骤(2)的测量，并做记录，将数值记录在表 3-29 中。随后仔细观察改变电路参数时 ω_d 与 α 的变化趋势，并做记录。

表 3-29　二阶动态电路测试数据记录表

电路参数 / 实验次数	元件参数				测量值	
	R_1	R_2	L	C	α	ω_d
1	10 kΩ	调至某一次欠阻尼状态	4.7 mH	1 000 pF		
2	10 kΩ		4.7 mH	0.01 μF		
3	30 kΩ		4.7 mH	0.01 μF		
4	10 kΩ		10 mH	0.01μF		

(4)* 改变激励源如图 3-25 所示电路。令脉冲信号发生器的输出为 $U_m=1.5$ V，$f=1$ KHz 的方波脉冲，直流稳压电源 U_S 的输出电压等于脉冲方波信号幅值。用直流电压源电压抵消方波的负半周而得到真正的零输入响应。重复上述实验步骤(1)(2)(3)观察并分析响应波形的变化等。

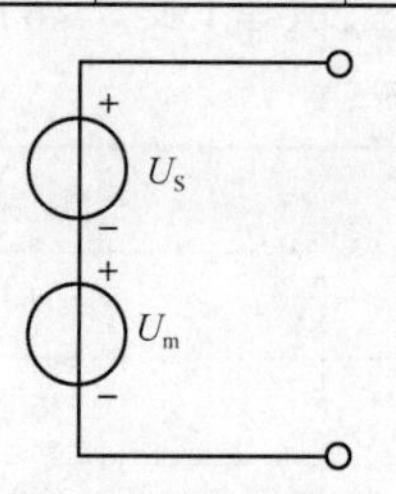

图 3-25　二阶动态电路激励源原理图

5. 实验注意事项

(1)调节 R_2 时，要细心、缓慢，临界阻尼要找准。

(2)观察双踪示波器时，荧光屏显示要稳定，如不同步，则可采用外同步法触发(看示波器说明)。

6. 预习思考题

(1)根据二阶动态实验电路元件的参数,计算处于临界阻尼状态的 R_2 值。

(2)在示波器荧光屏上,如何测量二阶动态电路零输入响应欠阻尼状态的衰减常数 α 和振荡频率 ω_d?

7. 实验报告

(1)根据观测结果,在坐标纸上绘制二阶动态电路过阻尼、临界阻尼和欠阻尼的响应波形。

(2)测算欠阻尼振荡曲线上的 α 与 ω_d。

(3)归纳、总结电路元件参数的改变对响应变化趋势的影响。

(4)心得体会及其他。

3.7　元件阻抗特性的测定

1. 实验目的

(1)验证电阻、感抗、容抗与频率的关系,测定 R-f、X_L-f 及 X_C-f 特性曲线。

(2)加深理解 R、L、C 元件端电压与电流间的相位关系。

2. 实验原理

(1)在正弦波信号作用下,R、L、C 电路元件在电路中的抗流作用与信号的频率有关,它们的阻抗频率特性 R-f,X_L-f,X_C-f 曲线如图 3-26 所示。

(2)元件阻抗频率特性的测量电路如图 3-27 所示。

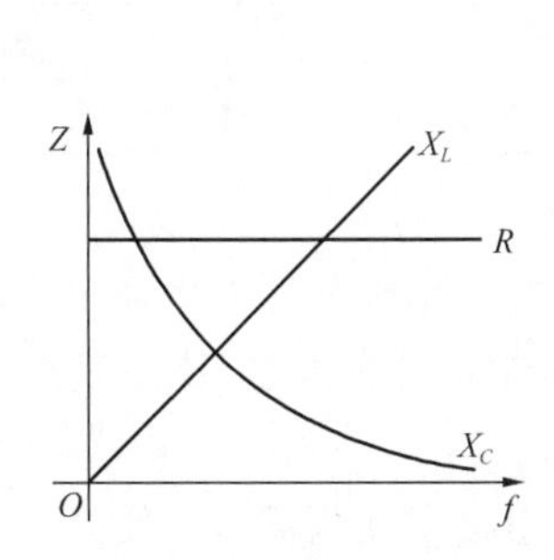

图 3-26　元件阻抗频率特性

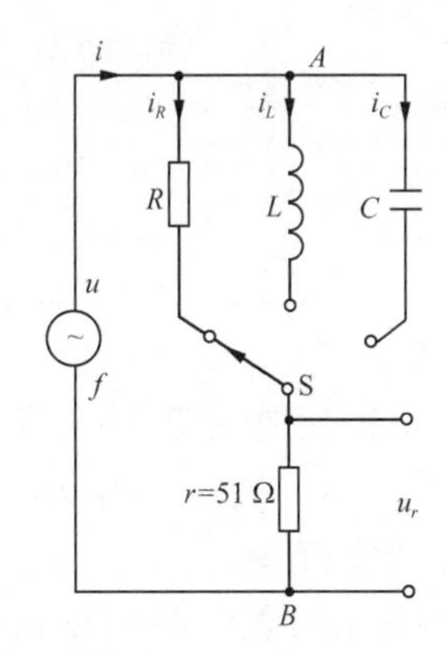

图 3-27　元件阻抗频率特性的测量电路

图 3-27 中,r 是提供测量回路电流用的标准小电阻,由于 r 的阻值远小于被测元件的阻值,因此可以认为 A、B 之间的电压就是被测元件 R、L 或 C 两端的电压,流过被测元件的电流则可由 r 两端的电压除以 r 所得。

若用双踪示波器同时观察 r 与被测元件两端的电压,即可展现出被测元件两端的电压和流过该元件电流的波形,从而可在双踪示波器荧光屏上测得电压与电流的幅值及它们之间的相位差。

(1)将元件 R、L、C 串联或并联相接,亦可用同样的方法测得 $Z_{串}$ 与 $Z_{并}$ 的阻抗频率特性 Z-f,根据电压、电流的相位差可判断 $Z_{串}$ 或 $Z_{并}$ 是感性还是容性负载。

(2)元件的阻抗角(相位差 φ)随输入信号的频率变化而改变,将不同频率下的相位差绘制在以频率 f 为横坐标、以阻抗角 φ 为纵坐标的坐标纸上,并用光滑的曲线连接这些点,即得到阻抗角的频率特性曲线。

用双踪示波器测量阻抗角的方法如图 3-28 所示。从荧光屏上数得一个周期占 n 格,相位差占 m 格,则实际的相位差 φ(阻抗角)为

$$\varphi=m\cdot\frac{360^\circ}{n}$$

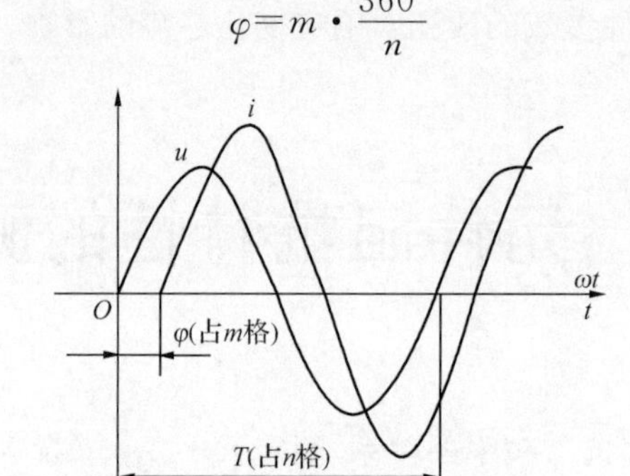

图 3-28 用双踪示波器测量阻抗角

3. 实验设备(表 3-30)

表 3-30 实验设备 7

序号	名称	型号与规格	数量	备注
1	函数信号发生器		1	DG03
2	交流毫伏表	0~600 V	1	
3	双踪示波器		1	自备
4	频率计		1	DG09
5	实验电路元件	$R=1\ \text{k}\Omega$,$r=51\ \Omega$,$C=1\ \mu\text{F}$,$L\approx 10\ \text{mH}$	各 1	DG09

4. 实验内容

(1)测量 R、L、C 元件的阻抗频率特性。通过电缆线将函数信号发生器输出的正弦波信号接至如图 3-27 所示的电路,作为激励源 u,并用交流毫伏表测量,使激励电压的有效值为 $U=3$ V,并保持不变。

使信号源的输出频率从 200 Hz 逐渐增至 5 kHz(用频率计测量),并使开关 S 分别接通 R、L、C 三个元件,用交流毫伏表测量 U_r,并计算各频率点时的 I_R、I_L 和 I_C(U_r/r)以及 $R=U/I_R$、$X_L=U/I_U$ 及 $X_C=U/I_C$ 之值。

在接通 C 测试时,信号源的频率应控制在 200~2 500 Hz。

（2）用双踪示波器观察在不同频率下各元件阻抗角的变化情况，按图3-28所示曲线记录 n 和 m，并计算 φ。

（3）测量 R、L、C 元件串联的阻抗角频率特性。

5. 实验注意事项

（1）交流毫伏表属于高阻抗电表，测量前必须先调零。

（2）测量 φ 时，双踪示波器的"V/div"和"t/div"的微调旋钮应旋至"校准"位置。

6. 预习思考题

测量 R、L、C 各个元件的阻抗角时，为什么要与它们串联一个小电阻？可否用一个小电感或大电容代替？为什么？

7. 实验报告

（1）根据实验数据，在坐标纸上绘制 R、L、C 三个元件的阻抗频率特性曲线，从中可得出什么结论？

（2）根据实验数据，在坐标纸上绘制 R、L、C 三个元件串联的阻抗角频率特性曲线，并总结、归纳出结论。

（3）心得体会及其他。

3.8　正弦稳态交流电路相量的研究

1. 实验目的

（1）研究正弦稳态交流电路中电压、电流相量之间的关系。

（2）掌握日光灯电路的接线。

（3）理解改善电路功率因数的意义并掌握其方法。

2. 实验原理

（1）在单相正弦稳态交流电路中，用交流电流表测得各支路的电流值，用交流电压表测得回路各元件两端的电压值，它们之间的关系满足相量形式的基尔霍夫定律，即 $\sum \dot{I}=0$ 和 $\sum \dot{U}=0$。

（2）如图3-29所示为RC串联电路，在正弦稳态信号 $\dot{U}$ 的激励下，$\dot{U}_R$ 与 $\dot{U}_C$ 保持90°的相位差，即当 R 阻值改变时，$\dot{U}_R$ 的相量轨迹是一个半圆。$\dot{U}$、$\dot{U}_C$ 与 $\dot{U}_R$ 三者形成一个直角三角形的电压三角形，如图3-30所示。R 值改变时，可改变 φ 的大小，从而达到移相的目的。

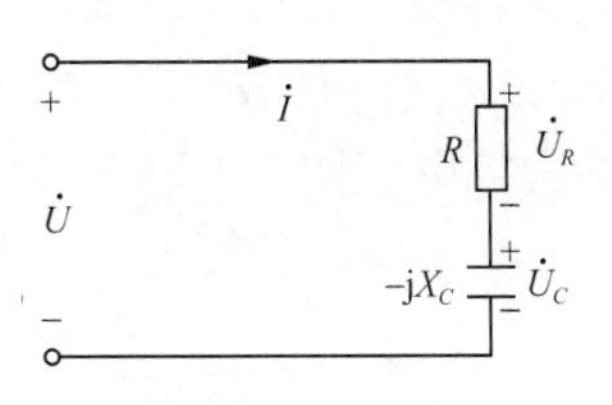

图3-29　RC串联电路

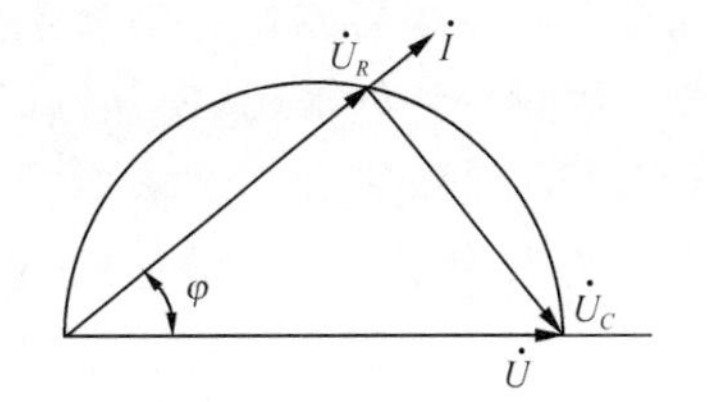

图3-30　电压三角形

(3)日光灯电路如图 3-31 所示,图中 A 是日光灯管,L 是镇流器,S 是启辉器,C 是补偿电容器,用以改善电路的功率因数($\cos\varphi$)。有关日光灯工作原理请自行查阅有关资料。

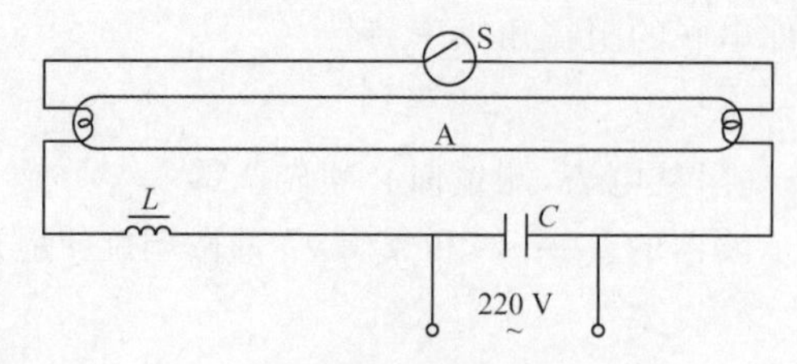

图 3-31 日光灯电路

3. 实验设备(表 3-31)

表 3-31 实验设备 8

序 号	名 称	型号与规格	数 量	备 注
1	交流电压表	0～500 V	1	D33
2	交流电流表	0～5 A	1	D32
3	功率表		1	D34
4	自耦调压器		1	DG01
5	镇流器、启辉器	与 40 W 日光灯灯管配用	各 1	DG09
6	日光灯灯管	40 W	1	屏内
7	电容器	1 μF,2.2 μF,4.7 μF/500 V	各 1	DG09
8	白炽灯及灯座	220 V/15 W	1～3	DG08
9	电流插座		3	DG09

4. 实验内容

(1)按图 3-29 所示电路接线。R 为 220 V/15 W 的白炽灯泡,电容器为 4.7 μF/500 V。经指导教师检查后,接通实验台电源,将自耦调压器输出(U)调至 220 V。在表 3-32 中记录 U、U_R、U_C 值,验证电压三角形关系(U 为测量值,U' 为计算值)。

表 3-32 白炽灯负载的实验数据表

测量值			计算值		
U/V	U_R/V	U_C/V	U'(与 U_R,U_C 组成 Rt△)($U'=\sqrt{U_R^2+U_C^2}$)	$\Delta U=U'-U$/V	$\Delta U\cdot U^{-1}$/%

(2)日光灯电路接线与测量。按图 3-32 所示电路接线。经指导教师检查后接通实验台电源,调节自耦调压器的输出,使其输出电压缓慢增大,直到日光灯启辉器点亮为止,记下交流电压表、交流电流表和功率表的指示值。然后将电压调至 220 V,测量功率 P、电流 I、电压 U、U_L、U_A 等值,记录在表 3-33 中,验证电压、电流相量关系。

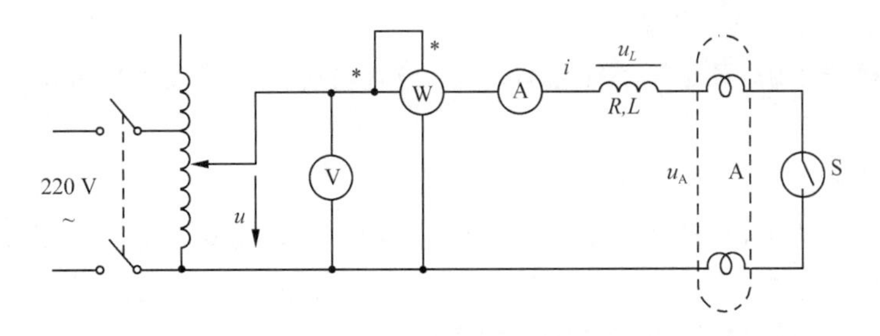

图 3-32　日光灯电路接线图

表 3-33　　日光灯负载的实验数据

测量值							计算值	
被测量 工作状态	P/W	$\cos\varphi$	I/A	U/V	U_L/V	U_A/V	R/Ω	$\cos\varphi$
启辉值								
正常工作值								

(3)并联电路——电路功率因数的改善。按图 3-33 所示电路连接实验电路。

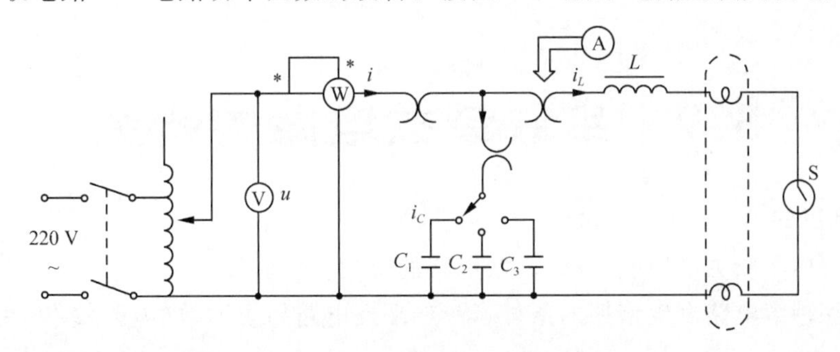

图 3-33　功率因数的改善原理图

经指导教师检查后，接通实验台电源，将自耦调压器的输出调至 220 V，记录功率表、电压表读数。通过一只电流表和三个电流插座分别测量三条支路的电流，改变电容值，进行三次重复测量，将数据记入表 3-34 中。

表 3-34　　功率因数的改善实验数据

电容值	测量值						计算值	
C/μF	P/W	$\cos\varphi$	U/V	I/A	I_L/A	I_C/A	I'/A	$\cos\varphi$
0								
1								
2.2								
4.7								

5. 实验注意事项

(1)本实验使用交流市电 220 V，务必注意用电和人身安全。

(2)功率表要正确接入电路。

(3)电路接线正确,日光灯不能启辉时,应检查启辉器及其接触是否良好。

6. 预习思考题

(1)参阅课外资料,了解日光灯的启辉原理。

(2)在日常生活中,当日光灯上缺少了启辉器时,人们常用一根导线将启辉器的两端短接一下,然后迅速断开,使日光灯点亮(DG09 实验挂箱上有短接按钮,可用它代替启辉器做试验);或用一只启辉器去点亮多只同类型的日光灯,这是为什么?

(3)为了改善电路的功率因数,常在感性负载上并联电容器,此时增加了一条电流支路,试问电路的总电流是增大还是减小?此时感性元件上的电流和功率是否改变?

(4)提高电路功率因数为什么只采用并联电容器法,而不用串联电容器法?所并联的电容器是否越大越好?

7. 实验报告

(1)完成数据表格中的计算,进行必要的误差分析。

(2)根据实验数据,分别绘制电压、电流相量图,验证相量形式的基尔霍夫定律。

(3)讨论改善电路功率因数的意义和方法。

(4)心得体会及其他。

3.9 串联谐振电路的研究

1. 实验目的

(1)学习用实验方法绘制 RLC 串联电路的幅频特性曲线。

(2)加深理解电路发生谐振的条件、特点,掌握电路品质因数(电路 Q 值)的物理意义及其测定方法。

2. 实验原理

(1)在图 3-34 所示的 RLC 串联电路中,当正弦稳态交流信号源的频率 f 改变时,电路中的感抗、容抗随之而变,电路中的电流也随 f 而变。取电阻 R 上的电压 u_o 作为响应,当输入电压 u_i 的幅值维持不变时,在不同频率的信号激励下,测出 U_O 之值,然后以 f 为横坐标,以 U_O/U_i 为纵坐标(因 U_i 不变,故也可直接以 U_O 为纵坐标)绘制光滑的曲线,此即幅频特性曲线,亦称谐振曲线,如图 3-35 所示。

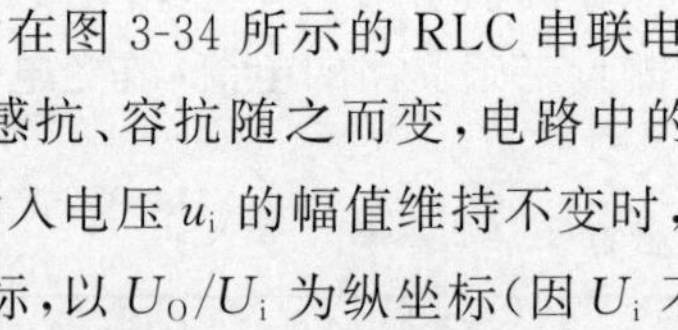

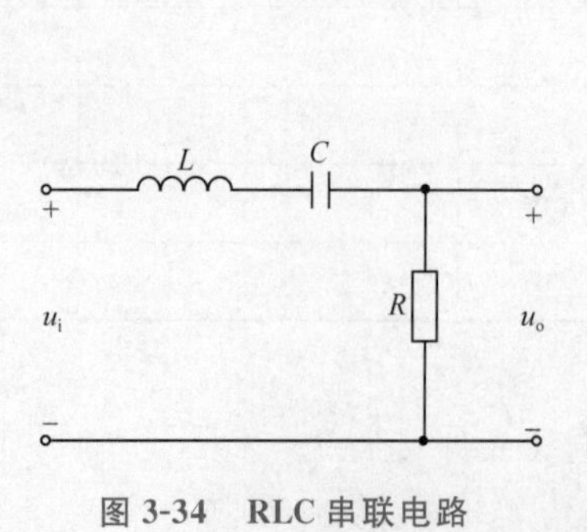

图 3-34 RLC 串联电路

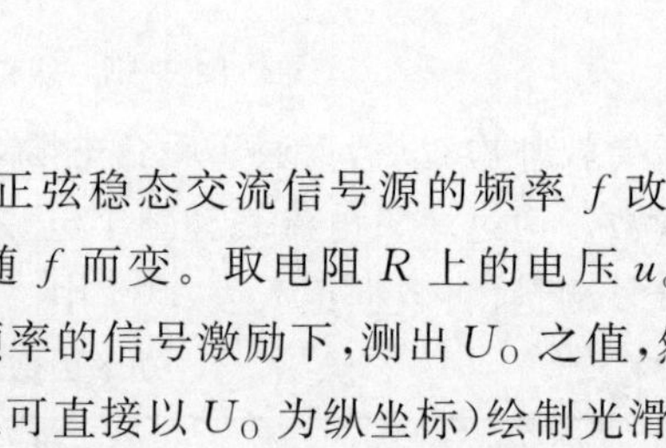

图 3-35 谐振曲线

(2)在 $f=f_0=\dfrac{1}{2\pi\sqrt{LC}}$ 处，即幅频特性曲线的尖峰所在的频率点称为谐振频率。此时有 $X_L=X_C$，电路呈纯阻性，电路阻抗的模最小。在输入电压 u_i 为定值时，电路中的电流达到最大值，且与输入电压 u_i 同相位。从理论上讲，此时 $U_i=U_R=U_O$，$U_L=U_C=QU_i$，式中的 Q 称为电路的品质因数。

(3)电路品质因数 Q 值的两种测量方法：一是根据公式 $Q=\dfrac{U_L}{U_O}=\dfrac{U_C}{U_O}$ 测定，U_C 与 U_L 分别为谐振时电容器 C 和电感线圈 L 上的电压；另一方法是通过测量谐振曲线的通频带宽度 $\Delta f=f_2-f_1$，再根据 $Q=\dfrac{f_0}{f_2-f_1}$ 求出 Q 值。式中，f_0 为谐振频率；f_2 和 f_1 是失谐时，亦即输出电压的幅度下降到最大值的 $1/\sqrt{2}$(0.707)时的上、下频率点。Q 值越大，其谐振曲线越尖锐，通频带越窄，电路的选择性越好。在恒压源供电时，电路的品质因数、选择性与通频带只决定于电路本身的参数，而与信号源无关。

(4)RLC 谐振电路有很多的工程应用，如收音机的输入调谐电路。收音机的调台过程就是谐振回路的调谐过程。我们知道不同广播电台发射的信号频率各不相同，那么收音机是如何从许许多多的广播电台信号中选出需要的电台信号呢？图 3-36 左是一个调幅收音机选频部分的简易电路图，L_1 为接收天线，L_2 与 C 构成谐振电路，通过调节回路电容 C 的大小，以改变谐振回路的固有谐振频率，使之与所选信号的频率(要收听的电台频率)相等，这个过程就称为调谐。实际调谐电路的等效电路如图 3-36 右所示，其中 R_{L2} 为回路损耗；e_1、e_2、e_3 表示三个频率不同的电台，相当于我们实验中用到的信号源，改变电容的大小使电路的谐振频率与其中一个电台的频率一致即可。这就是 RLC 串联谐振电路的调谐过程。

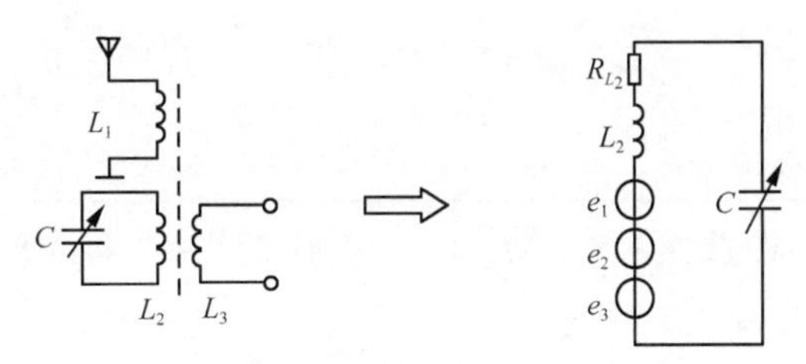

图 3-36　调幅收音机选频部分的简化电路图与其等效电路

3. 实验设备(表 3-35)

表 3-35　实验设备 9

序　号	名　称	型号与规格	数　量	备　注
1	函数信号发生器		1	DG03
2	交流毫伏表	0～600 V	1	
3	双踪示波器		1	自备
4	频率计		1	DG03
5	谐振电路实验电路板	R=200 Ω，1 kΩ C=0.01 μF，0.1 μF，L≈30 mH	1	DG07

4. 实验内容

(1)按图 3-37 所示组成监视、测量电路。先选用 C_1、R_1，用交流毫伏表测电压，用双踪示波器监视信号源输出。令信号源输出电压 $U_i=4V_{P-P}$，并保持不变。

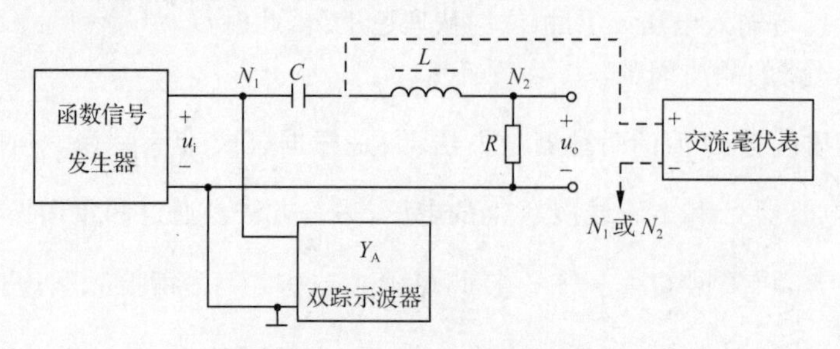

图 3-37　监视/测量电路原理图

(2)找出电路的谐振频率 f_0，其方法是，将交流毫伏表接在 R(200 Ω)两端，令信号源的频率由小逐渐变大(注意要维持信号源的输出幅度不变)，当 U_O 的读数为最大时，读得频率计上的频率值即电路的谐振频率 f_0，并测量 U_C 与 U_L 之值(注意及时更换交流毫伏表的量程)。

(3)在谐振点两侧，按频率递增或递减 500 Hz 或 1 kHz，依次各取 8 个测量点，逐点测出 U_O、U_L、U_C 之值，将数据记入表 3-36 中。

表 3-36　电路谐振频率的实验数据记录表 1

f/kHz														
U_O/V														
U_L/V														
U_C/V														

$U_i=4V_{P-P}$，$C=0.01\ \mu F$，$R=510\ \Omega$，$f_0=$　　　，$f_2-f_1=$　　　，$Q=$

(4)将电阻改为 R_2，即选择 $R=1\ k\Omega$，而电容不变 $C=0.01\ \mu F$，重复步骤(2)、(3)的测量过程，把测试数据记入表 3-37 中。

表 3-37　电路谐振频率的实验数据记录表 2

f/kHz														
U_O/V														
U_L/V														
U_C/V														

$U_i=4V_{P-P}$，$C=0.01\ \mu F$，$R=1\ k\Omega$，$f_0=$　　　，$f_2-f_1=$　　　，$Q=$

(5)选 C_2，重复步骤(2)～(4)，并自制表格记录实验数据。

5. 实验注意事项

(1)测试频率点的选择应在靠近谐振频率附近多取几点。在变换频率测试前,应调整信号输出幅度(用示波器监视输出幅度),使其维持在 3 V。

(2)在测量 U_C 和 U_L 数值前,应将交流毫伏表的量程改大,而且在测量 U_L 与 U_C 时交流毫伏表的"+"端应接至 C 与 L 的公共点,其接地端应分别触及 L 和 C 的近地端 N_2 和 N_1。

(3)实验中,信号源的外壳应与交流毫伏表的外壳绝缘(不共地)。如能用浮地式交流毫伏表测量,则效果更佳。

6. 预习思考题

(1)根据实验电路板给出的元件参数值,估算电路的谐振频率。

(2)改变电路的哪些参数可以使电路发生谐振?电路中 R 的值是否影响谐振频率值?

(3)如何判别电路是否发生谐振?测试谐振点的方案有哪些?

(4)电路发生串联谐振时,为什么输入电压不能太大?如果信号源给出 3 V 的电压,电路谐振时,用交流毫伏表测 U_L 和 U_C,应该选用多大的量限?

(5)要提高 RLC 串联电路的品质因数,电路参数应如何改变?

(6)本实验在谐振时,对应的 U_L 与 U_C 是否相等?如有差异,原因何在?

7. 实验报告

(1)根据测量数据,绘制不同 Q 值时的三条幅频特性曲线,即

$$U_O=f(f),U_L=f(f),U_C=f(f)$$

(2)计算通频带与 Q 值,说明不同 R 值对电路通频带与品质因数的影响。

(3)对两种不同的测量 Q 值的方法进行比较,分析产生误差的原因。

(4)谐振时,比较输出电压 U_O 与输入电压 U_I 是否相等?试分析原因。

(5)通过本次实验,总结、归纳串联谐振电路的特性。

(6)心得体会及其他。

3.10　二端口网络测试

1. 实验目的

(1)加深理解二端口网络的基本理论。

(2)掌握直流二端口网络传输参数的测量技术。

2. 实验原理

对于任何一个线性网络,我们所关心的往往只是输入端口和输出端口的电压和电流

之间的相互关系，并通过实验测定方法求取一个极其简单的等值二端口电路来替代原网络，此即"黑盒理论"的基本内容。

(1)一个二端口网络两端口的电压和电流四个变量之间的关系，可以用多种形式的参数方程来表示。本实验采用输出端口的电压 U_2 和电流 I_2 作为自变量，以输入端口的电压 U_1 和电流 I_1 作为应变量，所得的方程称为二端口网络的传输方程，如图 3-38 所示的无源线性二端口网络(又称为四端网络)的传输方程为

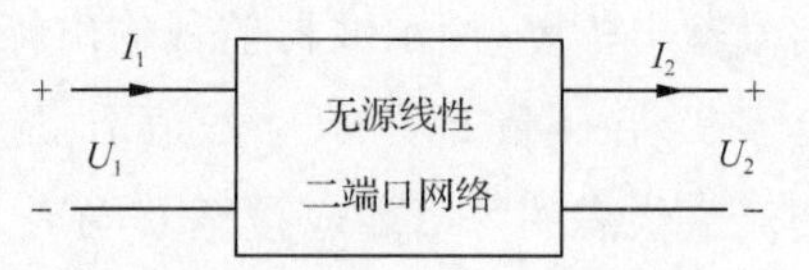

图 3-38　二端口网络测试原理图

$$U_1=AU_2+BI_2,I_1=CU_2+DI_2$$

式中，A、B、C、D 为二端口网络的传输参数，其值完全决定于网络的拓扑结构及各支路元件的参数值。这四个参数表征了该二端口网络的基本特性，它们的含义如下：

$$A=\frac{U_{1O}}{U_{2O}}（令\ I_2=0，即输出端口开路时）$$

$$B=\frac{U_{1S}}{I_{2S}}（令\ U_2=0，即输出端口短路时）$$

$$C=\frac{I_{1O}}{U_{2O}}（令\ I_2=0，即输出端口开路时）$$

$$D=\frac{I_{1S}}{I_{2S}}（令\ U_2=0，即输出端口短路时）$$

可见，只要在网络的输入端口加电压，在两个端口同时测量其电压和电流，即可求出 A、B、C、D 四个参数，即双端口同时测量法。

(2)若要测量一条由远距离输电线构成的二端口网络，采用同时测量法就很不方便。这时可采用分别测量法，即先在输入端口加电压，而将输出端口开路和短路，在输入端口测量电压和电流，由传输方程可得

$$R_{1O}=\frac{U_{1O}}{I_{1O}}=\frac{A}{C}（令\ I_2=0，即输出端口开路时）$$

$$R_{1S}=\frac{U_{1S}}{I_{1S}}=\frac{B}{D}（令\ U_2=0，即输出端口短路时）$$

然后在输出端口加电压，而将输入端口开路和短路，测量输出端口的电压和电流。此时可得

$$R_{2O}=\frac{U_{2O}}{I_{2O}}=\frac{D}{C}（令\ I_1=0，即输入端口开路时）$$

$$R_{2S}=\frac{U_{2S}}{I_{2S}}=\frac{B}{A}（令\ U_1=0，即输入端口短路时）$$

R_{1O}、R_{1S}、R_{2O}、R_{2S} 分别表示一个端口开路和短路时另一个端口的等效输入电阻，这四个参数中只有三个是独立的(因为 $AD-BC=1$)。至此，可求出四个传输参数为

$$A=\sqrt{R_{1O}/(R_{2O}-R_{2S})},B=R_{2S}A,C=A/R_{1O},D=R_{2O}C$$

(3)二端口网络级联后的等效二端口网络的传输参数亦可采用前述的方法之一求得。从理论推得两个二端口网络级联后的传输参数与每一个参加级联的二端口网络的传输参数之间有如下关系：

$$A=A_1A_2+B_1C_2,B=A_1B_2+B_1D_2,C=C_1A_2+D_1C_2,D=C_1B_2+D_1D_2$$

3. 实验设备(表 3-38)

表 3-38　实验设备 10

序　号	名　称	型号与规格	数　量	备　注
1	可调直流稳压电源	0～30 V	1	DG04
2	数字直流电压表	0～200 V	1	D31
3	数字直流电流表	0～200 mA	1	D31
4	二端口网络实验电路板		1	DG05

4. 实验内容

二端口网络实验电路如图 3-39 所示。将可调直流稳压电源的输出电压调到 10 V，作为二端口网络的输入。

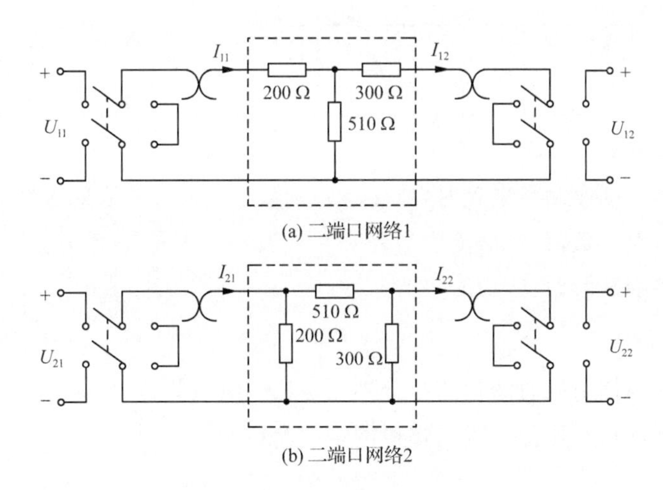

图 3-39　二端口网络实验电路图

(1)按双端口同时测量法分别测量两个二端口网络的传输参数 A_1、B_1、C_1、D_1 和 A_2、B_2、C_2、D_2，把测试数据记录在表 3-39 中，并列出它们的传输方程。

(2)将两个二端口网络级联，即将网络 1 的输出接至网络 2 的输入。用双端口分别测量法测量级联后等效二端口网络的传输参数 A、B、C、D，测试过程中，及时把测试数据记录在表 3-40 中，并验证等效二端口网络传输参数与级联的两个二端口网络传输参数之间的关系。

表 3-39　　双端口同时测量法测量的实验数据

双端口网络1	输出端口开路 $I_{12}=0$	测量值			计算值	
		U_{11O}/V	U_{12O}/V	I_{11O}/mA	A_1	B_1
	输出端口短路 $U_{12}=0$	U_{11S}/V	I_{11S}/mA	I_{12S}/mA	C_1	D_1
双端口网络2	输出端口开路 $I_{22}=0$	测量值			计算值	
		U_{21O}/V	U_{22O}/V	I_{21O}/mA	A_2	B_2
	输出端口短路 $U_{22}=0$	U_{21S}/V	I_{21S}/mA	I_{22S}/mA	C_2	D_2

表 3-40　　两个二端口网络级联实验数据

输出端口开路 $I_2=0$			输出端口短路 $U_2=0$			计算传输参数
U_{1O}/V	I_{1O}/mA	R_{1O}/kΩ	U_{1S}/V	I_{1S}/mA	R_{1S}/kΩ	
输入端口开路 $I_1=0$			输入端口短路 $U_1=0$			$A=$ $B=$ $C=$ $D=$
U_{2O}/V	I_{2O}/mA	R_{2O}/kΩ	U_{2S}/V	I_{2S}/mA	R_{2S}/kΩ	

5. 实验注意事项

(1)用电流插头插座测量电流时，要注意判别数字直流电流表的极性及选取合适的量程(根据所给的电路参数，估算电流表量程)。

(2)计算传输参数时，I、U 均取正值。

6. 预习思考题

(1)试述二端口网络同时测量法与分别测量法的测量步骤、优缺点及适用情况。

(2)本实验方法可否用于交流二端口网络的测定？

7. 实验报告

(1)完成数据表格中的各物理量的测量和计算任务。

(2)列写参数方程。

(3)验证级联后等效二端口网络的传输参数与级联的两个二端口网络传输参数之间的关系。

(4)总结、归纳二端口网络的测试技术。

(5)心得体会及其他。

3.11　互感电路研究

1. 实验目的

(1)学会互感电路同名端、互感系数以及耦合系数的测定方法。

(2)理解两个线圈相对位置的改变,以及用不同材料作线圈芯时对互感的影响。

2. 实验原理

(1)判断互感线圈同名端的方法

①直流法

如图 3-40 所示,当开关 S 闭合瞬间,若毫安表的指针正偏,则可断定“1”“3”为同名端;若指针反偏,则“1”“4”为同名端。

②交流法

如图 3-41 所示,将两个绕组 N_1 和 N_2 的任意两端(如 2、4 端)连在一起,在其中的一个绕组(如 N_1)两端加一个低电压,另一绕组(如 N_2)开路,用交流电压表分别测出端电压 U_{13}、U_{12} 和 U_{34}。若 U_{13} 是两个绕组端电压之差,则 1、3 是同名端;若 U_{13} 是两个绕组端电压之和,则 1、4 是同名端。

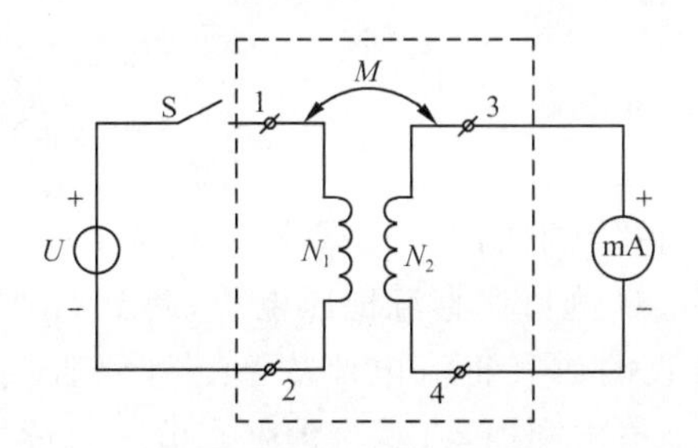

图 3-40　直流法原理图

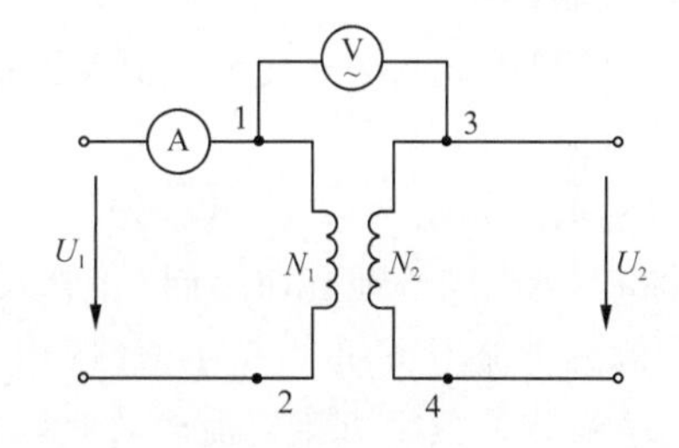

图 3-41　交流法原理图

(2)两线圈互感系数 M 的测定

在图 3-41 所示电路中的 N_1 侧施加低压交流电压 U_1,测出 I_1 及 U_2 的值。根据互感电势 $E_{2M}=U_2=\omega MI_1$,可算得互感系数为

$$M=\frac{U_2}{\omega I_1}$$

(3)耦合系数 k 的测定

两个互感线圈耦合松紧的程度可用耦合系数 k 来表示,即

$$k=\frac{M}{\sqrt{L_1L_2}}$$

如图 3-41 所示电路中,先在 N_1 侧绕组加低压交流电压 U_1,测出 N_2 侧开路时的电流 I_1;然后再在 N_2 侧绕组加电压 U_2,测出 N_1 侧开路时的电流 I_2,求出各自的自感 L_1 和 L_2,即可算得 k 值。

3. 实验设备(表 3-41)

表 3-41　　实验设备 11

序　号	名　称	型号与规格	数　量	备　注
1	数字直流电压表	0～200 V	1	D31
2	数字直流电流表	0～200 mA	2	D31
3	交流电压表	0～500 V	1	D32
4	交流电流表	0～5 A	1	D32
5	空心互感线圈	N_1 为大线圈，N_2 为小线圈	1 对	DG08
6	自耦调压器		1	DG01
7	可调直流稳压电源	0～30 V	1	DG04
8	电阻器	30 Ω/8 W，510 Ω/2 W	各 1	DG09
9	发光二极管	红或绿	1	DG09
10	粗、细铁棒和铝棒		各 1	DG08
11	变压器	36 V/120 V	1	DG08

4. 实验内容

(1)分别用直流法和交流法测定互感线圈的同名端。

①直流法

实验电路如图 3-42 所示。先将 N_1 和 N_2 两线圈的四个接线端子编以 1、2 和 3、4 号。将 N_1、N_2 同心地套在一起，并放入细铁棒。U 为可调直流稳压电源，调至 10 V。流过 N_1 侧的电流不可超过 0.4 A(选用 5 A 量程的数字直流电流表)。N_2 侧直接接入 200 mA 量程的数字直流电流表。将铁棒迅速地拔出和插入，观察数字直流电流读数正、负的变化，来判定 N_1 和 N_2 两个线圈的同名端。

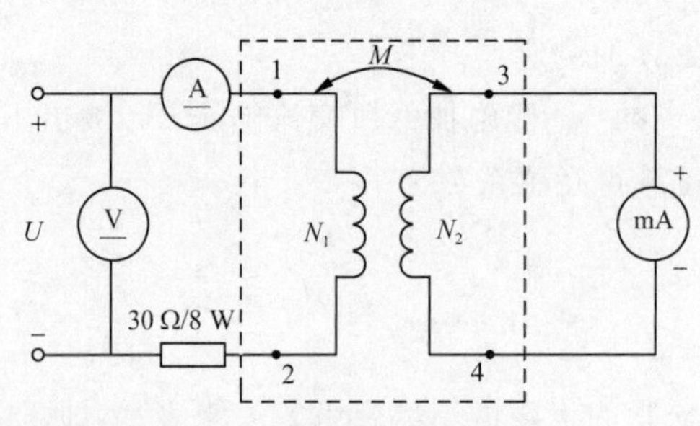

图 3-42　直流法实验电路图

②交流法

本方法中，由于加在 N_1 上的电压仅 2 V 左右，直接用屏内调压器很难调节，因此采用图 3-43 所示的电路来扩展调压器的调节范围。图中 W、N 为主屏上的自耦调压器的输出端，B 为 DG08 挂箱中的升压铁芯变压器，此处作降压用。将 N_2 放入 N_1 中，并在两线圈中插入铁棒。交流电流表的量程在 2.5 A 以上，N_2 侧开路。

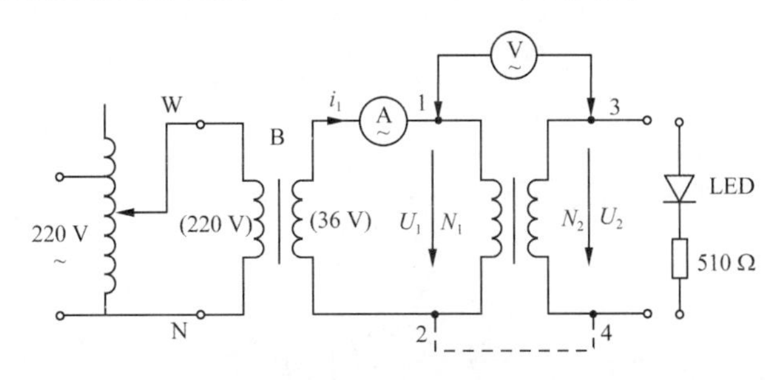

图 3-43　交流法实验电路图

接通电源前，应首先检查自耦调压器是否调至零位，确认后方可接通交流电源，令自耦调压器输出一个很低的电压(约 12 V)，使流过电流表的电流小于 1.4 A，然后用 30 V 量程的交流电压表测量 U_{13}、U_{12}、U_{34}，判定同名端。

拆去 2、4 连线，并将 2、3 相接，重复上述步骤，判定同名端。

(2)测定互感系数 M 和耦合系数 K

①拆去 2、3 连线，测 U_1、I_1、U_2，计算出 M。

②将低压交流电加在 N_2 侧，使流过 N_2 侧的电流小于 1 A，N_1 侧开路，按步骤①测出 U_2、I_2、U_1。

③用万用表的 $R\times1$ 挡分别测出 N_1 和 N_2 线圈的电阻值 R_1 和 R_2，计算 k 值。

(3)观察互感现象

在图 3-43 所示电路的 N_2 侧接入 LED 发光二极管与 510 Ω(电阻箱)串联的支路。

①将铁棒慢慢地从两线圈中拔出和插入，观察 LED 亮度的变化及各电表读数的变化，记录现象。

②将两线圈改为并排放置，并改变其间距，分别或同时插入铁棒，观察 LED 亮度的变化及仪表读数。

③改用铝棒替代铁棒，重复(1)(2)的步骤，观察 LED 的亮度变化，记录现象。

5. 实验注意事项

(1)整个实验过程中，注意流过线圈 N_1 的电流不得超过 1.4 A，流过线圈 N_2 的电流不得超过 1 A。

(2)测定同名端及其他测量数据的实验中，都应将小线圈 N_2 套在大线圈 N_1 中，并插入铁芯。

(3)做交流实验前，首先要检查自耦调压器，要保证手柄置在零位。因实验时加在 N_1 上的电压只有 2～3 V，因此调节时要特别仔细、小心，要随时观察电流表的读数，不得超过规定值。

6. 预习思考题

(1)用直流法判断同名端时，可否以及如何根据 S 断开瞬间毫安表指针的正、反偏来判断同名端？

(2)本实验用直流法判断同名端是通过插、拔铁芯时观察电流表的正、负读数变化来确定的，这与实验原理中所叙述的方法是否一致？

7. 实验报告

(1)总结对互感线圈同名端、互感系数的实验测试方法。

(2)自拟测试数据表格，完成计算任务。

(3)解释实验中观察到的互感现象。

(4)心得体会及其他。

3.12 三相交流电路中电压、电流的测量

1. 实验目的

(1)掌握三相负载的星形连接和三角形连接方法，验证这两种接法的线电压和相电压、线电流和相电流之间的关系。

(2)充分理解三相四线供电系统中中线的作用。

2. 实验原理

(1)三相负载可接成星形(Y)或三角形(△)。当三相对称负载作星形连接时，线电压 U_L 是相电压 U_P 的$\sqrt{3}$倍，线电流 I_L 等于相电流 I_P，即

$$U_L=\sqrt{3}U_P, I_L=I_P$$

在这种情况下，流过中线的电流 $I_0=0$，所以可以省去中线。

当对称三相负载作三角形(△)连接时，有 $I_L=\sqrt{3}I_P$，$U_L=U_P$。

(2)不对称三相负载作星形连接时，必须采用三相四线制(Y_0)接法，而且中线必须牢固连接，以保证三相不对称负载的每相电压维持对称不变。

倘若中线断开，会导致三相负载电压的不对称，致使负载轻的那一相的相电压过高，使负载遭受损坏；负载重的一相相电压又过低，使负载不能正常工作。对于三相照明负载，应一律采用三相四线制(Y_0)接法。

(3)当不对称负载作三角形连接时，$I_L \neq \sqrt{3}I_P$，但只要电源的线电压 U_L 对称，加在三相负载上的电压就仍是对称的，对各相负载工作没有影响。

3. 实验设备(表 3-42)

表 3-42 实验设备 12

序号	名称	型号与规格	数量	备注
1	交流电压表	0～500 V	1	D33
2	交流电流表	0～5 A	1	D32
3	万用表		1	自备
4	三相自耦调压器		1	DG01
5	三相灯组负载	220 V/15 W 白炽灯	9	DG08
6	电门插座		3	DG09

4. 实验内容

(1)三相负载星形(Y)连接(三相四线制供电)

按图 3-44 所示电路连接实验电路。即三相灯组负载经三相自耦调压器接通三相对称电源。将三相调压器的旋柄置于输出为 0 V 的位置(逆时针旋到底)。经指导教师检查合格后,方可开启实验台电源,然后调节调压器的输出,使输出的三相线电压为 150 V,并按下述内容完成各项实验,分别测量三相负载的线电压、相电压、线电流、相电流、中线电流、电源与负载中点间的电压。将所测得的数据记入表 3-43 中,并观察各相灯组亮暗的变化程度,特别要注意观察中线的作用。

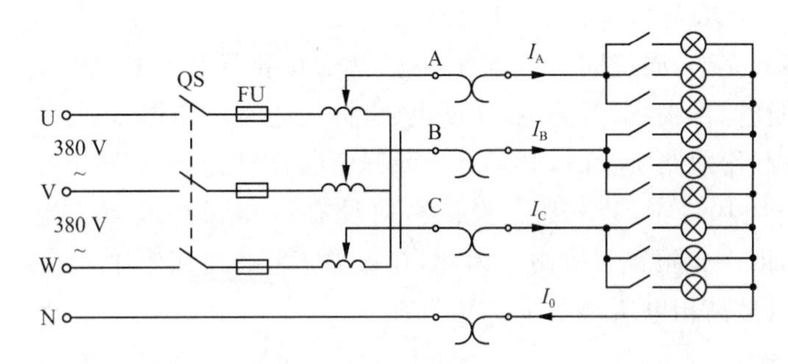

图 3-44 星形连接原理图

表 3-43 星形连接实验数据

实验内容 \ 负载情况	开灯盏数			线电流/A			线电压/V			相电压/V			中线电流	中线电压
	A 相	B 相	C 相	I_A	I_B	I_C	U_{AB}	U_{BC}	U_{CA}	U_{A0}	U_{B0}	U_{C0}	I_0/A	U_{N0}/V
三相四线制连接平衡负载	3	3	3											
星形连接平衡负载	3	3	3											
三相四线制连接不平衡负载	1	2	3											
星形连接不平衡负载	1	2	3											
三相四线制连接 B 相断开	1		3											
星形连接 B 相断开	1		3											
星形连接 B 相短路	1		3											

(2)负载三角形(△)连接(三相三线制供电)

按图 3-45 改接电路,经指导教师检查合格后接通三相电源,并调节三相自耦调压器,使其输出线电压为 150 V,并按表 3-44 的内容进行测试,测试数据记录在表 3-44 中。

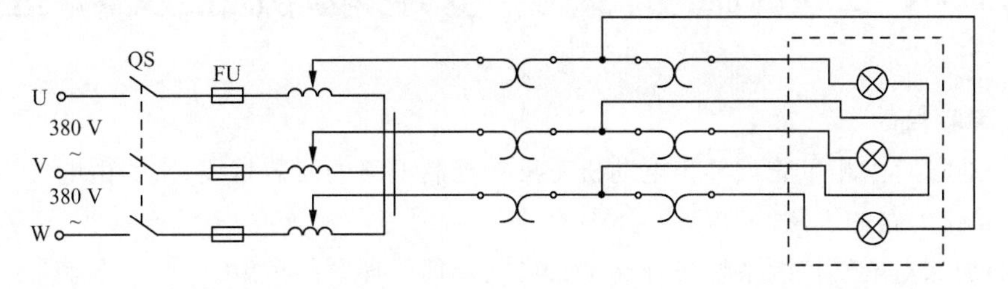

图 3-45 三角形连接原理图

表 3-44　　三角形连接实验数据

测量数据 / 负载情况	开灯盏数			线电压＝相电压/V			线电流/A			相电流/A		
	A-B 相	B-C 相	C-A 相	U_{AB}	U_{BC}	U_{CA}	I_A	I_B	I_C	I_{AB}	I_{BC}	I_{CA}
三相平衡	3	3	3									
三相不平衡	1	2	3									

5. 实验注意事项

(1)本实验采用三相交流市电，线电压为 380 V，应穿绝缘鞋进实验室。实验时要注意人身安全，不可触及导电部件，防止意外事故发生。

(2)每次接线完毕，同组同学应自查一遍，然后由指导教师检查后，方可接通电源，必须严格遵守先断电、再接线、后通电，先断电、后拆线的实验操作原则。

(3)星形负载作短路实验时，必须首先断开中线，以免发生短路事故。

(4)为避免烧坏灯泡，DG08 实验挂箱内设有过压保护装置。当任一相电压大于135～250 V时，即声光报警并跳闸。因此，在做星形(Y)连接不平衡负载或缺相实验时，所加线电压应以最高相电压小于 130 V 为宜。

6. 预习思考题

(1)三相负载根据什么条件作星形或三角形连接？

(2)复习三相交流电路有关内容，试分析三相星形连接不对称负载在无中线情况下，当某相负载开路或短路时会出现什么情况。如果接上中线，情况又如何？

(3)本次实验中为什么要通过三相调压器将 380 V 的市电线电压降为 220 V 的线电压使用？

7. 实验报告

(1)用实验测得的数据验证对称三相电路中的$\sqrt{3}$关系。

(2)用实验数据和观察到的现象，总结三相四线供电系统中中线的作用。

(3)不对称三角形连接的负载能否正常工作？实验是否能证明这一点？

(4)根据不对称负载三角形连接时的相电流值作相量图，并求出线电流值，然后与实验测得的线电流作比较并分析。

(5)心得体会及其他。

3.13　三相鼠笼式异步电动机正反转控制

1. 实验目的

(1)通过对三相鼠笼式异步电动机正反转控制电路的安装接线，掌握由电气原理图接成实际操作电路的方法。

(2)加深对电气控制系统各种保护、自锁、互锁等环节的理解。

(3)学会分析、排除继电-接触控制电路故障的方法。

2. 实验原理

在三相鼠笼式异步电动机正反转控制电路中，通过相序的更换来改变电动机的旋转方向。本实验给出两种不同的正、反转控制电路，如图 3-46 及图 3-47 所示，具有如下特点：

(1)电气互锁。为了避免接触器 KM1(正转)、KM2(反转)同时得电吸合造成三相电源短路，在 KM1(KM2)线圈支路中串接有 KM1(KM2)动断触头，它们保证了电路工作时 KM1、KM2 不会同时得电(图 3-46)，以达到电气互锁的目的。

(2)电气和机械双重互锁。除电气互锁外，还可采用复合按钮 SB1 与 SB2 组成的机械互锁环节(图 3-47)，以求电路工作更加可靠。

(3)本实验的电路具有短路，过载，失、欠压保护等功能。

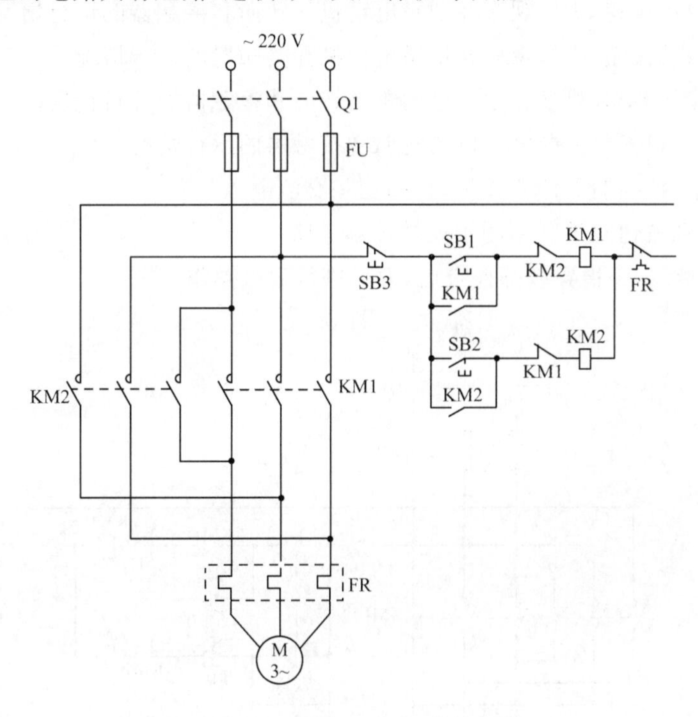

图 3-46　接触器联锁的正反转控制电路

3. 实验设备(表 3-45)

表 3-45　　实验设备 13

序　号	名　称	型号与规格	数　量	备　注
1	三相交流电源	220 V		DG01
2	三相鼠笼式异步电动机	DJ26	1	
3	交流接触器	JZC4-40	2	D61-2
4	按钮		3	D61-2
5	热继电器	D9305d	1	D61-2
6	交流电压表	0～500 V	1	D33
7	万用表	D1		自备

4. 实验内容

认识各电器的结构、图形符号、接线方法；抄录电动机及各电器铭牌数据；用万用表欧姆(Ω)挡检查各电器线圈、触头是否完好。

三相鼠笼式异步电动机作三角形(△)连接；实验电路电源端接三相自耦调压器输出端 U、V、W，供电线电压为 220 V。

(1)接触器联锁的正反转控制电路

按图 3-46 接线，经指导教师检查后，方可进行通电操作。

①开启控制屏电源总开关，按启动按钮，调节三相自耦调压器输出，使输出线电压为 220 V。

②按正向启动按钮 SB1，观察并记录电动机的转向和接触器的运行情况。

③按反向启动按钮 SB2，观察并记录电动机和接触器的运行情况。

④按停止按钮 SB3，观察并记录电动机的转向和接触器的运行情况。

⑤再按 SB2，观察并记录电动机的转向和接触器的运行情况。

⑥实验完毕，按控制屏停止按钮，切断三相交流电源。

(2)接触器和按钮双重联锁的正反转控制电路

按图 3-47 接线，经指导教师检查后，方可进行通电操作。

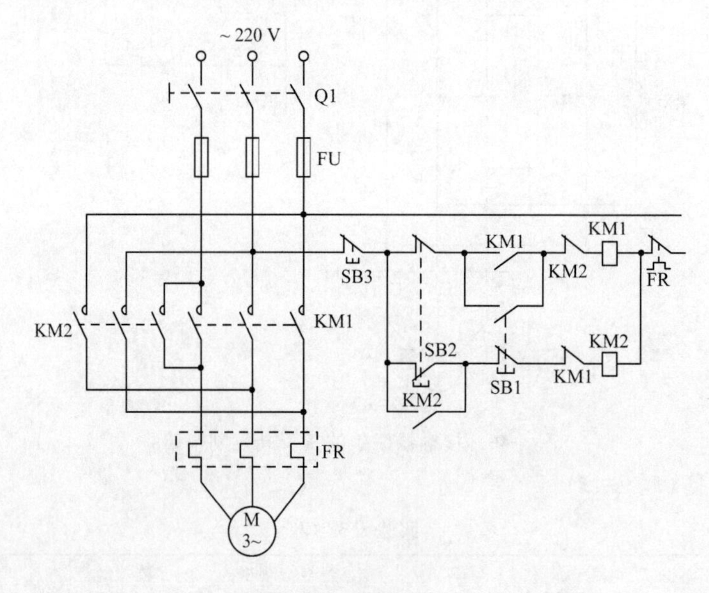

图 3-47　接触器和按钮双重联锁的正反转控制电路

①按控制屏启动按钮，接通 220 V 三相交流电源。

②按正向启动按钮 SB1，电动机正向启动，观察电动机的转向及接触器的动作情况。按停止按钮 SB3，使电动机停转。

③按反向启动按钮 SB2，电动机反向启动，观察电动机的转向及接触器的动作情况。按停止按钮 SB3，使电动机停转。

④按正向(或反向)启动按钮，电动机启动后，再去按反向(或正向)启动按钮，观察有

何情况发生？

⑤电动机停稳后，同时按正、反向两只启动按钮，观察有何情况发生。

⑥失压与欠压保护。

● 按启动按钮 SB1(或 SB2)电动机启动后，按控制屏停止按钮，断开实验电路三相电源，模拟电动机失压(或零压)状态，观察电动机与接触器的动作情况，随后再按控制屏上的启动按钮，接通三相电源，但不按 SB1(或 SB2)，观察电动机能否自行启动。

● 重新启动电动机后，逐渐减小三相自耦调压器的输出电压，直至接触器释放，观察电动机是否自行停转。

⑦过载保护。打开热继电器的后盖，当电动机启动后，人为地拨动双金属片模拟电动机过载情况，观察电动机、电器动作情况。

此项内容较难操作且危险，有条件的话，可由指导教师进行示范操作。

实验完毕，将自耦调压器调回零位，按控制屏停止按钮，切断实验电路电源。

故障分析

(1)接通电源后，按启动按钮(SB1 或 SB2)，接触器吸合，但电动机不转且发出“嗡嗡”声响；或者虽能启动，但转速很慢。这种故障大多是主回路一相断线或电源缺相。

(2)接通电源后，按启动按钮(SB1 或 SB2)，若接触器通断频繁且发出连续的噼啪声，或吸合不牢而发出颤动声，此类故障的原因可能是：

①电路接错，将接触器线圈与自身的动断触头串联在一条回路上了。

②自锁触头接触不良，时通时断。

③接触器铁芯上的短路环脱落或断裂。

④电源电压过低或与接触器线圈电压等级不匹配。

5. 实验注意事项

(1)操作时要细心、谨慎，不能用手触及各电器的导电部分及电动机的转动部分，以免触电或意外伤害。

(2)观察电器动作情况时，必须在断电情况下拿下挂箱面板，然后再接通电源进行操作与观察。

(3)接线时合理安排挂箱位置，接线要求整齐、安全可靠。

6. 预习思考题

(1)在电动机正、反转控制电路中，为什么必须保证两个接触器不能同时工作？采用哪些措施可解决此问题？这些方法有何利弊？最佳方案是什么？

(2)在控制电路中，短路、过载与失、欠压保护等功能是如何实现的？在实际运行过程中，这几种保护有何意义？

7. 实验报告

(1)画出实验电路图,并说明各个元件的作用。

(2)接通电源后,按启动按钮(SB1 或 SB2),接触器吸合,但电动机不转,且发出“嗡嗡”声,或电动机运行中转速很慢,试分析其原因。

(3)接通电源后,按启动按钮(SB1 或 SB2),若接触器通断频繁且发出连续的噼啪声,或吸合不牢而发出颤动声,分析其故障原因。

(4)心得体会及其他。

3.14 单相电度表的校验

1. 实验目的

(1)掌握电度表的安装接线方法。

(2)学会电度表的校验方法。

2. 实验原理

(1)电度表是一种感应式仪表,是根据交变磁场在金属中产生感应电流,从而产生转矩的基本原理而工作的仪表,主要用于测量交流电路中的电能。它的指示器能随着电能的不断增大(也就是随着时间的延续)而连续地转动,从而能随时反映出电能积累的总数值。因此,它的指示器是一个“积算机构”,是将转动部分通过齿轮传动机构折换为被测电能的数值,由数字及刻度直接指示出来。

它的驱动元件是由电压铁芯线圈和电流铁芯线圈在空间上、下排列,中间隔以铝制的圆盘,驱动两个铁芯线圈的交流电,建立起合成的特殊分布的交变磁场,并穿过铝盘,在铝盘上产生出感应电流。该感应电流与磁场的相互作用结果产生转动力矩,驱使铝盘转动。铝盘上方装有一个永久磁铁,其作用是对转动的铝盘产生制动力矩,使铝盘转速与负载功率成正比。因此,在某一段测量时间内,负载所消耗的电能 W 与铝盘的转数 n 成正比,即 $N=\frac{n}{W}$,比例系数 N 称为电度表常数,常在电度表上标明,其单位是 r/kW · h。

(2)电度表的灵敏度是指在额定电压、额定频率及 $\cos\varphi=1$ 的条件下,从零开始调节负载电流,测出铝盘开始转动的最小电流值 $I_{\min}$,则仪表的灵敏度表示为 $S=\frac{I_{\min}}{I_{N}}\times 100\%$。式中的 I_{N} 为电度表的额定电流;$I_{\min}$ 通常较小,约为 I_{N} 的 0.5%。

(3)电度表的“潜动”是指负载电流等于零时,电度表仍出现缓慢转动的现象。按照规定,无负载电流时,在电度表的电压线圈上施加其额定电压的 110%(达 242 V)时,观察其铝盘的转动是否超过一圈。凡超过一圈者,则判为“潜动”不合格。

3. 实验设备(表 3-46)

表 3-46　　实验设备 14

序　号	名　称	型号与规格	数　量	备　注
1	电度表	1-5(6) A	1	
2	单相功率表		1	D34
3	交流电压表	0～500 V	1	D33
4	交流电流表	0～5 A	1	D32
5	自耦调压器		1	DG01
6	白炽灯	220 V/100 W	3	自备
7	灯泡、灯泡座	220 V/15 W	9	DG08
8	秒表		1	自备

4. 实验内容与步骤

记录被校验电度表的数据：额定电流 $I_N=$　　　，额定电压 $U_N=$　　　，电度表常数 $N=$　　　，准确度为　　　。

(1)用功率表、秒表法校验电度表的准确度

按图 3-48 接线。电度表的接线与功率表相同，其电流线圈与负载串联，电压线圈与负载并联。

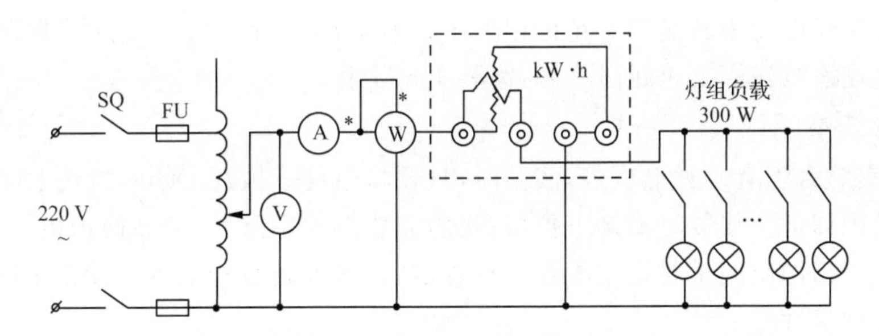

图 3-48　电度表接线原理图

电路经指导教师检查无误后，接通电源。将调压器的输出电压调到 220 V，按表 3-47 的要求接通灯组负载，用秒表定时记录电度表转盘的转数并记录各仪表的读数。

为了准确地计时并计圈数，可将电度表转盘上的一小段着色标记刚出现(或刚结束)时作为秒表计时的开始，并同时读出电度表的起始读数。此外，为了能记录整数转数，可先预定好转数，待电度表转盘刚转完此转数时，作为秒表测定时间的终点，并同时读出电度表的终止读数。所有数据记入表 3-47 中。

建议 n 取 24 圈，则 300 W 负载时，需时 2 min 左右。

表 3-47　　实验数据

负载情况	测量值					计算值				
	U/V	I/A	电表读数/kW·h			时间/s	转数 n	计算电能 W'/kW·h	$\Delta W \cdot W^{-1}$ /%	电度表常数 N
			起	止	W					
300 W										

为了准确和熟悉起见，可重复多做几次。

(2)电度表灵敏度的测试

电度表灵敏度的测试要用到专用的变阻器，一般都不具备。此处可将图 3-48 中的灯组负载改成三组灯组相串联，并全部用 220 V、15 W 灯泡。再在电度表与灯组负载之间串接 8 W、30～10 kΩ 的电阻(取自 DG09 挂箱上的 8 W，10 kΩ、20 kΩ 电阻)。每组先开通一只灯泡。接通 220 V 后看电度表转盘是否开始转动，然后逐只增加灯泡或者减少电阻，直到转盘开转，此时电流表的读数可大致作为其灵敏度。请同学们自行估算其误差。

做此实验前应使电度表转盘的着色标记处于可看见的位置。由于负载很小，转盘的转动很缓慢，故必须耐心观察。

(3)检查电度表的“潜动”是否合格

断开电度表的电流线圈回路，调节调压器的输出电压为额定电压的 110%(242 V)，仔细观察电度表的转盘是否转动，一般允许缓慢地转动。若转动不超过一圈即停止，则该电度表的“潜动”为合格，反之则不合格。

实验前应使电度表转盘的着色标记处于可看见的位置。由于“潜动”非常缓慢，要观察正常的电度表“潜动”是否超过一圈，需要 1 h 以上。

5. 实验注意事项

(1)本实验台配有一只电度表，实验时，只要将电度表挂在 DG08 挂箱上的相应位置，并用螺母紧固即可。接线时要卸下护板；实验完毕拆除电路后，要装回护板。

(2)记录时，同组同学要密切配合。秒表定时、读取转数和电度表读数步调要一致，以确保测量的准确性。

(3)实验中用到 220 V 强电，操作时应注意安全。凡需改动接线，必须切断电源，接好线后，检查无误才能通电。

6. 预习思考题

(1)查找有关资料，了解电度表的结构、原理及校验方法。

(2)电度表接线有哪些错误接法？它们会造成什么后果？

7. 实验报告

(1)对被校电度表的各项技术指标做出评论。

(2)对校表工作的体会。

(3)心得体会及其他。

3.15　功率因数及相序的测量

1. 实验目的

(1)掌握三相交流电路相序的测量方法。

(2)熟悉功率因数表的使用方法,了解负载性质对功率因数的影响。

2. 实验原理

图 3-49 为相序指示器电路,用以测定三相电源的相序 A、B、C(或 U、V、W)。

它是由一个电容器和两个电灯连接成的星形不对称三相负载电路。如果电容器所接的是 A 相,则灯光较亮的是 B 相,较暗的是 C 相。相序是相对的,任何一相均可作为 A 相。但 A 相确定后,B 相和 C 相也就确定了。

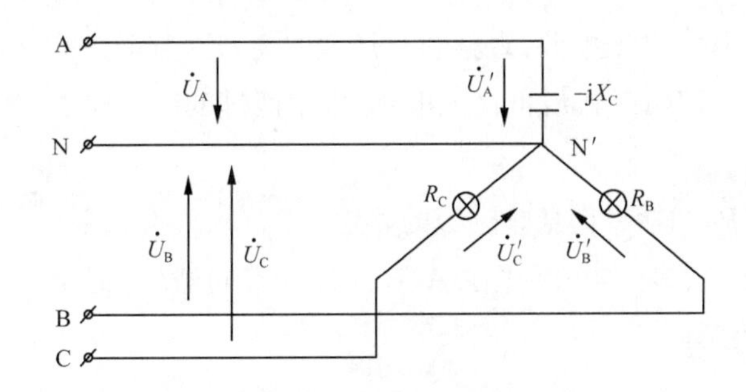

图 3-49　相序指示器电路

为了分析问题简单起见,设 $X_C=R_B=R_C=R$,$\dot{U}_A=U_P\angle 0°$,则

$$\dot{U}_{N'N}=\frac{U_P\dfrac{1}{-jR}+U_P\left(-\dfrac{1}{2}-j\dfrac{\sqrt{3}}{2}\right)\dfrac{1}{R}+U_P\left(-\dfrac{1}{2}+j\dfrac{\sqrt{3}}{2}\right)\dfrac{1}{R}}{-\dfrac{1}{jR}+\dfrac{1}{R}+\dfrac{1}{R}}$$

$$\dot{U}'_B=\dot{U}_B-\dot{U}_{N'N}=U_P\left(-\frac{1}{2}-j\frac{\sqrt{3}}{2}\right)-U_P(-0.2+j0.6)$$

$$=U_p(-0.3-j1.466)=1.49\angle -101.6°U_P$$

$$\dot{U}'_C=\dot{U}_C-\dot{U}_{N'N}=U_P\left(-\frac{1}{2}+j\frac{\sqrt{3}}{2}\right)-U_P(-0.2+j0.6)$$

$$=U_P(-0.3+j0.266)=0.4\angle -138.4°U_P$$

由于 $\dot{U}'_B>\dot{U}'_C$,故 B 相灯光较亮。

3. 实验设备(表 3-48)

表 3-48　　　　实验设备 15

序　号	名　称	型号与规格	数　量	备　注
1	单相功率表		D34	
2	交流电压表	0～500 V		D33
3	交流电流表	0～5 A		D32
4	白灯灯组负载	220 V/15 W	3	DG08
5	电感线圈	30 W 镇流器	1	DG09
6	电容器	1 μF,4.7 μF		DG09

4. 实验内容

(1)相序的测定

①用 220 V、15 W 白炽灯和 500 V、1 μF 电容器,按图 3-49 接线,经三相调压器接入线电压为 220 V 的三相交流电源,观察两只灯泡的亮、暗,判断三相交流电源的相序。

②将电源线任意调换两相后再接入电路,观察两灯的明亮状态,判断三相交流电源的相序。

(2)电路功率(P)和功率因数($\cos\varphi$)的测定

按图 3-50 接线,按表 3-49 所述在 A、B 间接入不同器件,记录 $\cos\varphi$ 值及其他各表的读数,并分析负载性质。

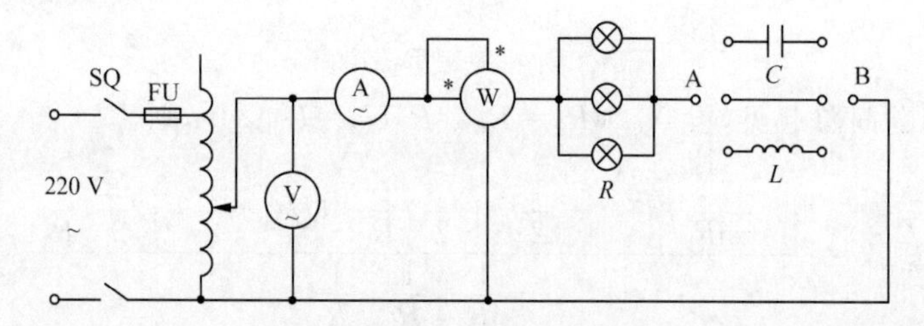

图 3-50　相序的测定接线图

表 3-49　　　　实验数据

A、B 间	U/V	U_R/V	U_L/V	U_C/V	I/V	P/W	$\cos\varphi$	负载性质
短接								
接入 C								
接入 L								
接入 L 和 C								

注:C 为 500 V、4.7 μF 电容器,L 为 30 W 日光灯镇流器。

5. 实验注意事项

每次改接电路都必须先断开电源。

6. 预习思考题

根据电路理论，分析图 3-49 检测相序的原理。

7. 实验报告

(1)简述实验电路的相序检测原理。

(2)根据交流电压表、交流电流表和单相功率表测定的数据，计算出 $\cos\varphi$，并与 $\cos\varphi$ 表的读数比较，分析误差原因。

(3)分析负载性质与 $\cos\varphi$ 的关系。

(4)心得体会及其他。

第4章 常用电子仪器及实验设备

常用的电子仪器仪表分为模拟式和数字式两大类，能够在实验中快速、准确、方便地测量出各物理量的实验数据。实验室中常用的电子仪器仪表主要有：直流稳压电源、交流毫伏表、万用表、函数信号发生器、示波器、功率表等。

4.1 直流稳压电源

生产实践以及实验中用到的直流电压或直流电流一般由直流稳压电源提供，它的作用是将交流电转换为直流电。在使用时，分为直流电压源和直流电流源。根据工作原理不同，又可分为线性电源和开关电源。线性电源的工作原理是：交流电压通过变压器降压后，再经过整流得到纹波较大的直流电，之后再经过滤波、稳压措施消除纹波得到平滑的直流电。开关电源的工作原理是：采用电力电子器件，通过控制电路实现电力电子器件的周期性开通和关断，对输入电压进行脉冲控制，再经过滤波等措施，实现输出电压的可调和稳定。目前实验室使用较多的仍是线性电源。

4.1.1 直流稳压电源的组成

不论直流稳压电源的外形是什么样，它的外部组成都基本类似，包括：电源开关、显示部分、功能选择、调节旋钮、接线端子等。

电源不使用时，需将电源开关关闭。显示部分用来显示输出电压或电流的大小，有数字式和指针式之分。如果输出电压与电流采用的是同一个显示器显示，则需要通过功能选择开关进行选择。调节旋钮有调压和调流两种，分别用来调节电压和电流的大小，两种都有粗调和细调之分，使用时，先将粗调旋钮调到所需电压或电流的挡位，再通过细调旋钮精确到所需要的值。如果电源可以同时输出两路，则会设置四个接线端子，以方便电源的串、并联。

4.1.2 电压源输出方式

如果直流稳压电源同时提供两路电压源，则输出方式有三种：单路直流电压输出、两路电压串联输出、双极性电压输出。在选择这三种方式时，注意如果有跟踪/独立开关，需设置为独立转态，即两路电压不共地。

1. 单路直流电压输出

如图 4-1(a)所示，先将两路电压分别调至所需要的电压，再将两路电源的端子分别接到电路中。注意，一般单路最大输出电压为 30 V，如果电压调不到 30 V，则调节调流旋钮，增大输出电流。

2. 两路电压串联输出

如图 4-1(b)所示，用导线连接第一路的"－"端和第二路的"＋"端，第一路的"＋"端和第二路的"－"端作为输出，调节两路电压源的旋钮，使其和为所需要的输出电压。注意两路串联最大输出 60 V。

3. 双极性电压输出

电路需要正、负电压时，可采用双极性输出方式。如图 4-1(c)所示，用导线连接第一路的"－"端和第二路的"＋"端并接地，则第一路的"＋"端和地之间为正电压，第二路的"－"端和地之间为负电压。

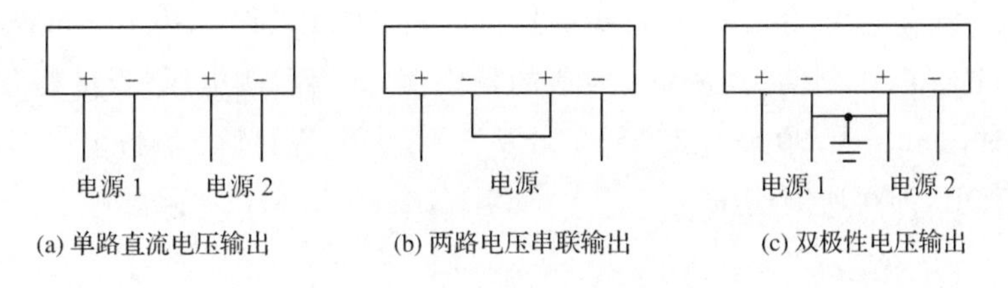

图 4-1 电压源输出方式

注意，使用时电压源不能短路，电流源不能开路。电流源一般应设置保护措施，开路时电流为 0，接通电路后，才能调节电流大小。

4.2 交流毫伏表

交流毫伏表是一种专门用来测量交流电压有效值的仪表，最低能测量毫伏级电压，它的内部电路主要由指示电路、射极输出器、放大器、检波器以及稳压电源构成，具有输入阻抗高、频率范围宽以及灵敏度高等特点。

指示电路主要是一个磁电式电流表，其灵敏度、准确度高，通过表头的偏转指示测量结果。

射极输出器和放大器主要用来放大微弱信号,提高灵敏度。

检波器将交流信号转换成直流信号,送至表头显示。

稳压电源为内部电路提供能量。

不同的交流毫伏表面板略有差异,但基本类似,如图 4-2 所示。

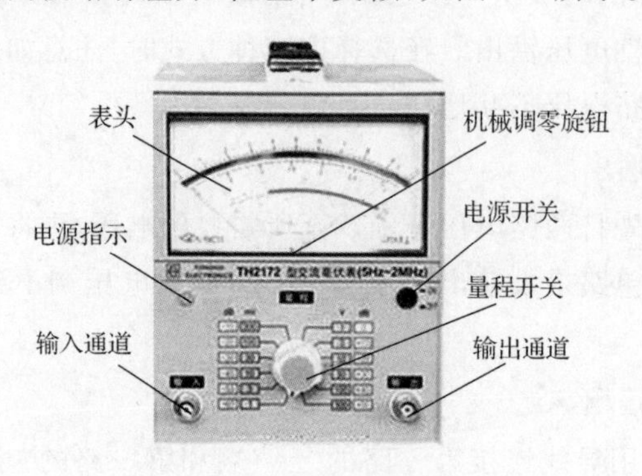

图 4-2　交流毫伏表面板

交流毫伏表的使用步骤如下:

(1)关闭电源,观察表头的指针是否在零刻度,如有偏差,调节机械调零旋钮,使指针指向零点。

(2)将量程开关置于最高挡(以防电压超过量程造成指针被打弯),将所测信号用电缆接至输入通道,调节量程开关,尽量使指针大于表盘满刻度 1/3。

(3)读数。当量程开关处于"1"打头的挡位时,如 1 mV、10 mV、100 mV、1 V、10 V、100 V,读表盘上 0~1 刻度线,并乘以对应的量程值,即得所测电压;当量程开关处于"3"打头的挡位时,如 3 mV、30 mV、300 mV、3 V、30 V、300 V,读表盘上 0~3 刻度线,并乘以对应的量程值,即得所测电压。

4.3 万用表

万用表是一种多功能、多量程、便携式的电工电子仪表,可以用来测量直流电压、交流电压、直流电流和直流电阻等物理量,有些还可以用来测量电容、电感、二极管、三极管等,其应用非常广泛,通常有指针式和数字式两种,目前数字式用得比较多。

4.3.1 指针式万用表

1. 指针式万用表的结构

如图 4-3 所示,指针式万用表由表头、转换开关、测量电路、表笔和表笔插孔等部分组成。

图 4-3　指针式万用表

表头采用的是高灵敏度的磁电式机构，是一个灵敏的电流计，用来显示所测量的值的大小。表头上的表盘印有多种符号、刻度线以及数值。所刻符号表示所测量的物理量的类型，如：A-V-Ω 表示该万用表可测量电流、电压及电阻；符号“－”和“DC”表示直流量，“～”和“AC”表示交流量。刻度线下的数字以及转换开关的不同挡位所对应的数值共同决定读数的大小。另外表头上还设有机械调零旋钮，以校正表针在输入为零时指向左侧零刻度线。

万用表的转换开关是一个多挡位的旋转开关，通过旋转选择被测量物理量的种类和量程（倍率）。如：选择“Ω”“×100”表示测量电阻，大小为指针所指的刻度线数值乘以 100。

测量电路将不同性质、不同大小的物理量转换成表头所能接受的电流量。

表笔分为红、黑两只，使用时应将红表笔插入标有“＋”的插孔中，黑表笔插入标有“－”的插孔中。

2. 使用指针式万用表的注意事项

(1)在测量之前先进行“机械调零”，旋转机械调零旋钮，使表针在没有物理量输入时指向零刻度。

(2)测量时，指针式万用表须水平放置，避免产生误差。

(3)测量时，不要靠近磁场，以避免测量不准确。

(4)读数时，要求视线正对指针，根据指针实际所指刻度读数。

(5)测量时，不能用手直接接触表笔金属探头，以免测量不准确或造成电击。

(6)不能在测量的时候换挡，尤其是高压或大电流时，以免损坏指针式万用表。

(7)使用完毕，应将旋钮调至交流电压最大挡或空挡，如长期不用，则需将电池取出，以免漏液腐蚀其他元器件。

3. 使用指针式万用表测量电阻

在测量电阻前，先将电阻电路的电源断开，将指针式万用表内电池装好，注意极性，将转换开关旋至“Ω”挡。

(1)步骤

①机械调零。将万用表水平放置后,观察指针是否在左侧零刻度上,若不在,则用工具旋转机械调零旋钮,使指针指向零刻度。

②试测。将转换开关旋至"×100"挡,并将红、黑表笔分别接触电阻两端引脚,观察指针所指位置。

③选择合适倍率。要求尽量避免指针过于偏左或偏右,若指针过于偏左则减小倍率,过于偏右则增大倍率,使指针处于表盘中间区域,读数更为准确。

④欧姆调零。选好倍率后,将两表笔短接,观察是否在"Ω"零刻度上,若不在,则用工具旋转机械调零旋钮,使指针指向零刻度。

⑤读数。将红、黑表笔分别接触电阻两端引脚,读出指针所指刻度,并乘以倍率,即得电阻阻值。表盘最大刻度乘以此时的倍率,即得此倍率能测量的最大值,测量时不能超过此值,否则容易造成指针式万用表损坏或读数不准确。

(2)注意事项

①在测量电阻前,必须先将电阻电路的电源断开,否则可能会造成指针式万用表烧坏或测量不准。

②每次换倍率挡需重新调零。

③测量时不能用手直接接触表笔金属探头,以免测量不准确。

④若测量电路中的电阻,需先将电阻从电路中断开,以免测量不准确。

⑤用指针式万用表测量非线性元件等效电阻时,不同倍率挡对应的电阻值不同,一般倍率越小,测出的阻值越小。

⑥测量有极性元器件的等效电阻值时,如电解电容等,需注意表笔的极性。

⑦使用完毕后,应将转换开关调至交流电压最大挡或空挡。

4. 使用指针式万用表测量电压

测量电压之前需先判断该电压是交流还是直流,若不清楚则先将转换开关旋至最高直流电压挡,并将红、黑表笔分别接触所需测电压两端,即将万用表并联在测量电路两端,指针动则为直流电压,不动则表示量程过大或为交流,再将转换开关旋至最高交流电压挡,将红、黑表笔分别接触所需测电压两端,指针动则为交流电压,否则再将转换开关旋至低一挡位直流挡,指针动则为直流电压,否则再将转换开关旋至低一挡位交流挡,如此循环。测量之前注意机械调零。交流电压与直流电压测量方法相同,但需注意测量直流电压时红表笔接高电位,黑表笔接低电位,交流电压则随便。

测量步骤如下:

(1)选择合适的量程。先预估电压大小,再选择合适的量程,若不知道电压大小,则先选择最高挡位测量,再依次减小,尽量使指针处于满刻度三分之二以上的位置,读数更准确。

(2)读数。先找到表盘中直流电压挡的刻度线,一般会标有"V"符号。刻度线下方会有多种刻度尺,尽量选择与量程成倍数关系的刻度尺读数,如 2.5 V 量程选择 0-50-100-

150-200-250 刻度尺读数，则此时的倍率为 2.5/250＝0.01，读出表盘刻度后乘以 0.01 即得此时的电压值，比如，刻度为 210，则实际电压为 2.1 V。

注意事项与测量电阻类似。

5. 使用指针式万用表测量电流

测量电流的方法与测量电压类似，但需注意的是，测量电流时，一定要把所测支路从电路中断开，然后再将红、黑表笔分别接在被断开的两点之间，即将万用表串联在电路中测量，如果并联在原支路上测量则会造成短路事故。

4.3.2 数字式万用表

数字式万用表由数字电压表配上相应的功能转换电路构成，与指针式万用表相比，数字式万用表更加直观、准确，功能更多，因此目前使用更为广泛。数字式万用表主要有以下特点：

(1)采用大规模集成电路技术，测量精度较高。

(2)测量值以数字形式在屏幕上显示，读数直观、准确。

(3)具有过电压、过电流、快速熔断等保护措施，提高了过载保护能力。

(4)具有自动调零、极性显示、超量程显示及低压显示等附加功能。

1. 数字式万用表的结构

如图 4-4 所示，数字式万用表主要由表头、转换开关、功能转换电路、插孔以及表笔等组成。

表头的核心是一块集成电路芯片，它将 A/D 转换器、显示逻辑控制器集成在一起，再配上相关的电阻器、电容器和显示器。测量时通过转换电路将所测信号转换成直流电压信号，再通过 A/D 转换形成数字信号显示出来。

功能转换电路采用有源元器件组成网络，将其他参数信号转换成直流电压信号。其功能选择通过机械式开关实现，有的数字式万用表量程可以通过自动量程切换电路实现。

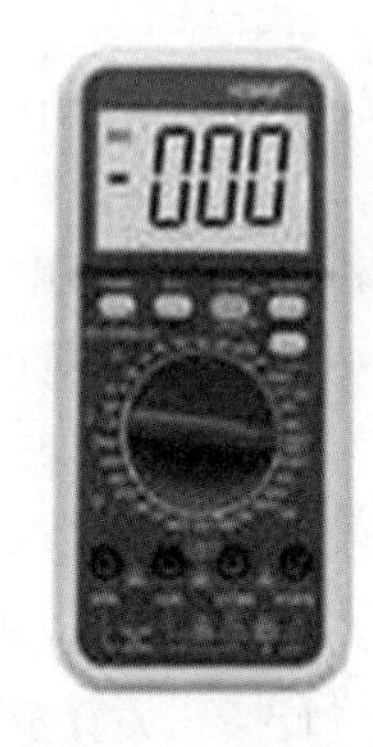

图 4-4　数字式万用表

2. 数字式万用表的使用

数字式万用表在使用时基本和指针式万用表类似，需注意的几点是：

(1)数字式万用表选定量程后，最大只能显示到该量程值，一旦超过，则显示为“1”。

(2)测量电压和电阻时，黑表笔插入“COM”插孔，红表笔插入“V/Ω”插孔，转换开关旋至对应的挡位及量程。若事先不确定电压范围，则先旋至最高挡位进行测量。测量的电压不能超过数字式万用表规定的最大值，否则会造成损坏。若红、黑表笔的高、低电位接反，则显示会出现“－”号，表示为负值。测交流电压时频率不能超过额定值，否则会产生误差。

(3)测量直流电流时,黑表笔插入"COM"插孔,红表笔插入"mA"插孔或"10 A"插孔。将转换开关旋至相应挡拉后,注意将被测电路断开,然后再将红、黑表笔分别接在被断开的两点之间,即将数字式万用表串联在电路中测量。注意测量值不能超过量程,否则会造成保险丝熔断。

(4)读数时,若量程有后缀,所测量为显示值加后缀,如测量电阻,选择 2 k 挡位,显示数值为 1.1,则实际值为 1.1 kΩ。

(5)测量电容时,需先将电容充分放电,以防止损坏。

3. 数字式万用表使用实例

(1)二极管极性及好坏判断

将黑表笔插入"COM"插孔,红表笔插入"V/Ω"插孔(极性为"+"),转换开关旋至有二极管符号的挡位,将红、黑表笔分别与二极管两极连接,若显示为二极管正向电压近似值,则红表笔对应阳极,黑表笔对应阴极;反之,则显示为较大数值或"1",说明二极管正常。若两次测量值相近,且都很小,则表示二极管已击穿;若都很大,则表示二极管已烧断。

(2)三极管极性及好坏判断

①判断类型

转换开关旋至二极管测试挡,黑表笔接三极管的一个引脚,红表笔分别测其他两个脚,若都显示二极管导通压降,则为 PNP 型;若都显示为高电压,则为 NPN 型,且无论为哪种型号三极管,黑表笔对应引脚均为基极;若为一高一低,则将黑表笔换一个引脚再测量,以此类推直到判断出来为止。

②判断极性

若为 PNP 管,则将黑表笔置于基极,红表笔测量其他两引脚,偏高电压对应的引脚为发射极,偏低电压对应的引脚为集电极。

若为 NPN 管,则将红表笔置于基极,黑表笔测量其他两引脚,偏高电压对应的引脚为发射极,偏低电压对应的引脚为集电极。

③判断好坏

将转换开关置于高电阻挡位,红表笔接发射极,黑表笔接集电极,若阻值在几万欧以上,则说明穿透电流较小,三极管能正常工作;若电阻较小,则工作不稳定;若电阻近似为零,则已击穿损坏;若电阻为无穷大,则已烧断。

4.4 函数信号发生器

4.4.1 函数信号发生器概述

实验室经常需要用到各种形状、频率以及幅度的波形,函数信号发生器就是为解决此问题而设计出来的一种常用仪器。

1. 性能良好的函数信号发生器具有的功能

(1)能够输出多种形状的波形。目前大多数函数信号发生器都能够输出正弦波、方波、三角波、锯齿波、TTL电平等波形。

(2)具有较宽的、连续可调的频率范围,且在整个频率范围内输出波形良好、失真小。

(3)输出波形幅值连续可调,不受频率影响。

(4)具有显示功能。

2. 函数信号发生器的结构

目前的函数信号发生器有传统的模拟式,也有数字式。模拟式函数信号发生器一般由集成电路与晶体管构成,采用RC充放电路产生三角波,再通过波形变换电路产生其他波形,通过改变充放电的电流值来改变波形的频率,波形产生后由功率放大器放大后输出。其原理框图如图4-5所示。

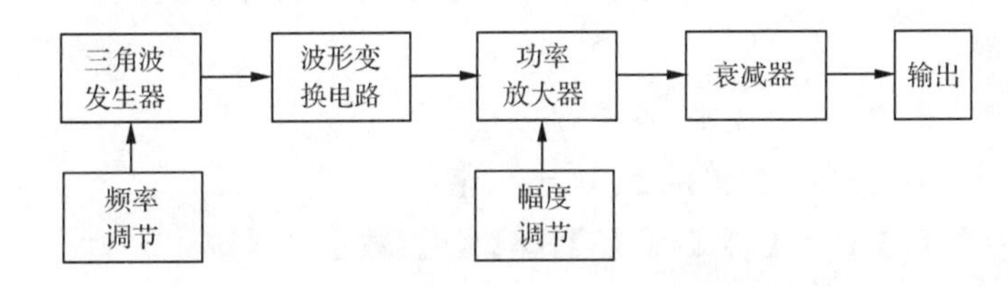

图4-5 模拟式函数信号发生器原理框图

数字式函数信号发生器用数字合成方法产生与波形相对应的数据流,再通过D/A转换形成波形,通过功率放大后输出,其原理框图如图4-6所示。

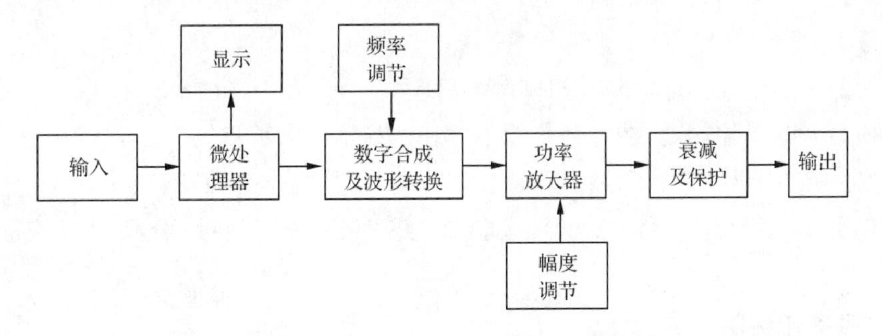

图4-6 数字式函数信号发生器原理框图

4.4.2 函数信号发生器的使用

函数信号发生器最基本的操作有选择输出波形、调节频率、调节幅度,如果输出为矩形波,则还需要改变占空比。以TFG2030V数字合成信号发生器为例,介绍其使用方法。

1. 面板介绍

TFG2030V数字合成信号发生器的面板如图4-7所示。

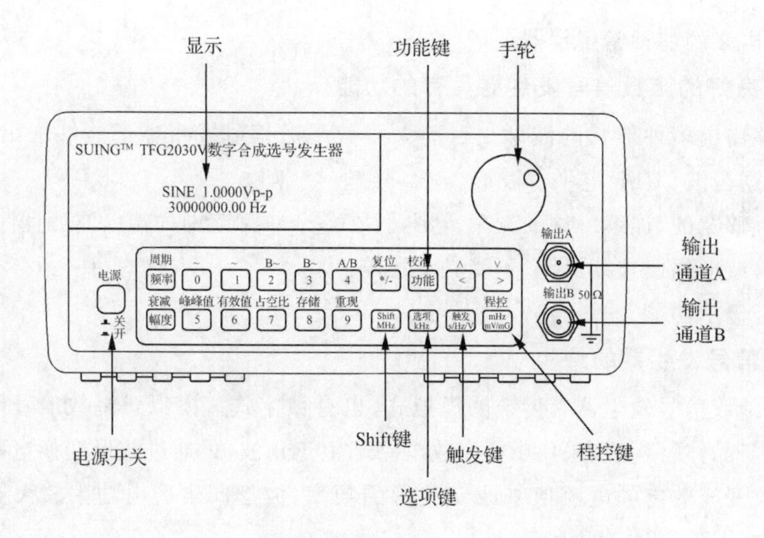

图 4-7　TFG2030V 数字合成信号发生器的面板

2. 键盘说明

仪器前面板上共有 20 个按键，各按键功能如下：

【频率】、【幅度】：选择频率和幅度。

【0】、【1】、【2】、【3】、【4】、【5】、【6】、【7】、【8】、【9】：数字输入键。

【MHz】、【kHz】、【Hz】、【mHz】：双功能键，在数字输入之后执行单位键功能，同时作为数字输入的结束键。直接按【MHz】键执行"Shift"功能；直接按【kHz】键执行"选项"功能；直接按【Hz】键执行"触发"功能。

【./—】：双功能键，在数字输入之后输入小数点，"偏移"功能时输入负号。

【＜】、【＞】：光标左、右移动键。

【功能】：主菜单控制键，循环选择六种功能。

【选项】：子菜单控制键，在每种功能下循环选择不同的项目。

【触发】：在"扫描""调制""触发""键控""外测"功能时作为触发启动键。

【Shift】：上挡键（显示"S"标识），按【Shift】键后再按其他键，分别执行该键的上挡功能。

3. 常用操作说明

开机后，仪器进行自检初始化，进入正常工作状态，自动选择"连续"功能，A 路输出。

(1)选择 A 路输出时，操作如下：

● 频率设定。如设定频率值为 4.5 kHz，操作按键顺序为：【频率】→【4】→【.】→【5】→【kHz】。

● 频率调节。按【＜】键或【＞】键使光标指向需要调节的数字位，左右转动手轮使数字增减。

● 周期设定。如设定周期值为 20 ms，操作按键顺序为：【Shift】→【周期】→【2】→【0】→【ms】。

● 幅度设定。如设定幅度值为 3.6 V,操作按键顺序为:【幅度】→【3】→【.】→【6】→【V】。

● 幅度格式选择。有效值操作按键顺序为:【Shift】→【有效值】;峰峰值操作按键顺序为:【Shift】→【峰峰值】。

● 衰减选择。选择固定衰减 0 dB(开机或复位后选择自动衰减 AUTO)操作按键顺序为:【Shift】→【衰减】→【0】→【Hz】。

● 偏移设定。在衰减选择 0 dB 时,设定直流偏移值为−1 V,操作按键顺序为:【选项】→选中“A 路偏移”→【−】→【1】→【V】。

● 恢复初始化状态。初始化状态操作按键顺序为:【Shift】→【复位】。

● 波形选择。在输出路径为 A 路时,选择正弦波操作按键顺序为:【Shift】→【0】;选择方波操作按键顺序为:【Shift】→【1】。

● 方波占空比设定。在 A 路选择为方波时,设定方波占空比为 50%,操作按键顺序为:【Shift】→【占空比】→【5】→【0】→【Hz】。

● 通道设置选择。反复按下【Shift】→【A/B】键,循环选择 A 路或 B 路。

(2)选择 B 路输出时,操作如下:

波形选择:在输出路径为 B 路时,选择正弦波、方波、三角波、锯齿波,操作按键顺序分别为:【Shift】→【0】、【Shift】→【1】、【Shift】→【2】、【Shift】→【3】。选择其他波形,则按【选项】键,选中“B 路波形”,再按【<】或【>】键使光标指向个位数,操作手轮可从 0 至 31 选择 32 种波形。

其他功能使用较少,这里不再作详细介绍。

4.5 示波器

示波器的主要功能是真实地显示被测信号的波形,利用它可以方便地观察波形的动态过程,还可以定量地测量电信号的参数,如峰值、上升时间等,是实验室中不可缺少的重要仪器。

4.5.1 示波器的工作原理

示波器基本原理框图如图 4-8 所示,其内部结构包括:示波管(CRT)、电子放大系统、扫描触发系统以及电源等。

CRT 由电子枪、偏转系统和荧光屏构成,是示波器的显示部分。示波器接通电源后,发出电子束,通过聚焦在荧光屏上显示出清晰的光点。偏转系统由互相垂直放置的 X 偏转板和 Y 偏转板组成。在 CRT 的荧光屏上显示的是 X 轴及 Y 轴两个信号之间的函数关系,X 轴输入信号负责使电子束发生水平位移,Y 轴输入信号使电子束产生垂直位移,两

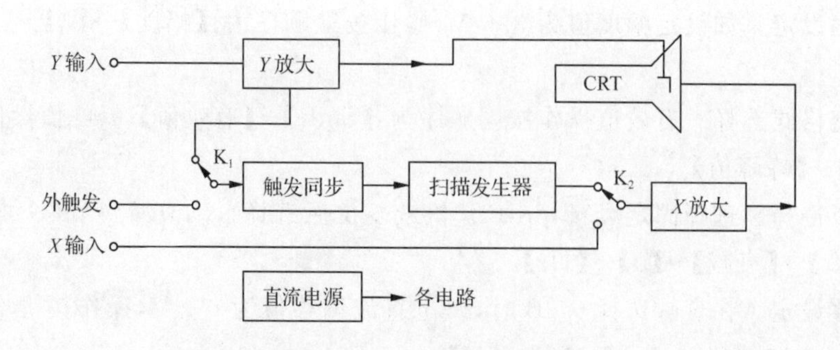

图 4-8　示波器基本原理框图

者的合成轨迹就是被测信号的时域波形。

电子放大系统包括竖直放大器和水平放大器，其作用是在偏转板上加足够的电压，使电子束获得明显的偏移，分别将 Y 轴输入信号和 X 轴输入信号放大。

扫描触发系统包括扫描发生器和触发电路。扫描发生器的作用是产生一个与时间成正比的电压作为扫描信号。触发电路的作用是形成触发信号。当需要在荧光屏上显示某一信号时，如正弦波信号 $u=U_{\mathrm{m}}\sin(\omega t)$，如图 4-9 所示。先将电压 u 加于 Y 偏转板上，同时在 X 偏转板上加一周期性锯齿形电压，此时光点的运动轨迹是 X 和 Y 两个偏转板上分运动的合成，即正弦电压 u 的波形，如图 4-9 所示。当扫描电压的周期与所测正弦波电压的周期完全相同时，每次扫描的图形完全重合，在屏幕上显示的波形清晰、稳定；当扫描电压的周期为所测正弦波电压的周期的 n 倍时，屏幕将显示 n 个周期的稳定波形；当不是整数倍时，显示的波形将出现移动或重叠的现象。因此，为了得到稳定的波形，必须设法使扫描电压周期与被测信号周期成整数倍关系，称为“同步”。但由于扫描电压和被测信号电压来自不同的信号源，因此很难实现同步，必须设置“触发信号”来实现。示波器的同步方式可以通过触发源选择开关选取，一般有三种：内同步、外同步和电源同步。内同步是从 Y 轴放大器中取出被测信号的频率来控制扫描频率；外同步是通过从外部输入电压来控制扫描频率。电源同步是用 50 Hz 交流电压来控制扫描频率，通常用来测量信号与电源频率之间的关系。

4.5.2　双踪示波器的使用

1. 面板控制键功能

亮度旋钮(INTEN)：调节光迹的亮度。

聚焦旋钮(FOCUS)：调节光迹的清晰度。

迹线旋转旋钮(ROTATION)：调节扫描线与刻度线平行。

电源指示灯：电源接通时灯亮。

校正信号输出端(CAL)：提供幅值为 5 V、频率为 1 kHz 的方波信号，用于校正 10∶1 探极的补偿电容器和检测示波器垂直与水平偏转因数。

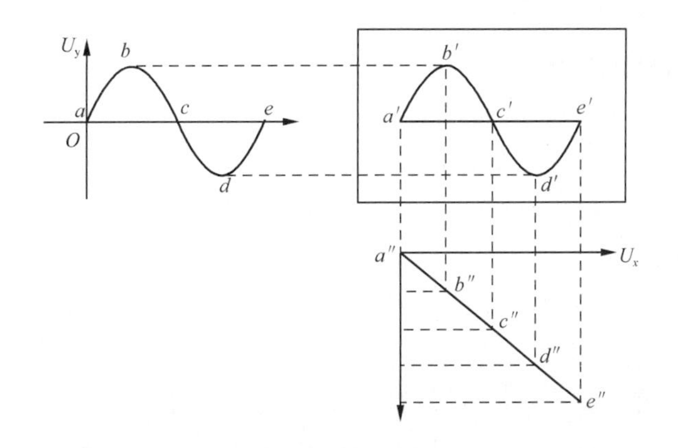

图 4-9　示波器显示正弦波原理图

垂直位移旋钮(POSITION):调节光迹在屏幕上的垂直位置,两个旋钮分别调节 CH1 和 CH2 两个通道在屏幕上的垂直位置。

垂直方式选择开关(MODE):

CH1 或 CH2——通道 1 或 2 单独显示。

ALT——两通道交替显示。

CHOP——两通道断续显示,用于扫描速度较慢时的双踪显示。

ADD——用于显示两个通道的代数和。

CH2 倒相开关(INV):按下 CH2 倒相开关,输入到 CH2 通道的信号极性被倒相。

垂直衰减旋钮(VOLTS/DIV):调节垂直偏转灵敏度,两个开关分别调整 CH1 和 CH2 的波形幅度至适合观察的大小。调节范围自 2 mV/div～5 V/div,波形幅度过大时则右旋增大,反之则左旋减小。

垂直微调旋钮(VAR):连续小幅调节垂直偏转灵敏度,沿顺时针方向旋足为校正位置。

耦合方式选择开关(AC-DC-GND):选择被测信号馈入垂直通道的耦合方式。AC 为交流耦合,只显示信号的交流分量。选择 GND 则输入信号与内部电路“地”相连,输入信号置零,按下此键可以确定被测信号在屏幕上零伏的位置。

水平位移旋钮(POSITION):调节光迹在屏幕上的水平位置,使波形左右移动。

水平微调旋钮(VAR):连续调节扫描速度,沿顺时针方向旋足为校正位置。

水平扫速旋钮(SEC/DIV):调节扫描速度,即调节波形在屏幕上显示的周期数。

触发方式选择开关(TRIG MODE):

常态(NORM)——无信号时,屏幕上无显示;有信号时,与电平键配合稳定波形。

自动(AUTO)——无信号时,屏幕上显示光迹;有信号时,与电平键配合稳定波形。

电视场(TV)——用于显示电视场信号。

电平旋钮(LEVEL):调节被测信号在某一电平触发扫描,要求小于信号的振幅。

触发极性开关(SLOP):选择信号的上升沿或下降沿触发扫描。

触发指示灯(TRIG):在触发同步时,指示灯亮。

触发源选择灯(SOURCE):

CH1——选择与 CH1 通道信号同步。

CH2——选择与 CH2 通道信号同步。

EXT——选择与外接信号同步。

电源——选择与电源信号同步。

X-Y 方式开关:以一个通道的信号幅度控制水平位移(*X*),以另一个通道的信号幅度控制垂直位移(*Y*),从而显示两个信号的函数关系。

扫描扩展开关:按下时扫描扩展 10 倍。

CH1、CH2 通道输入接头:电缆线接 CH1,则信号从 CH1 输入;接 CH2,则信号从 CH2 输入。

2. 使用步骤

(1)前期设置

如图 4-10 所示,开机后,触发方式选择"自动",耦合方式选择"GND",观察显示屏上是否有亮线(扫描基线),若没有则做以下调整:适当调节亮度旋钮,适当调节垂直位移和水平位移旋钮,适当增大垂直衰减旋钮。若显示为移动的亮点,则调节水平扫速旋钮,若为固定的亮点,则关闭 *X-Y* 方式开关。调好之后,将 GND 按键弹起。

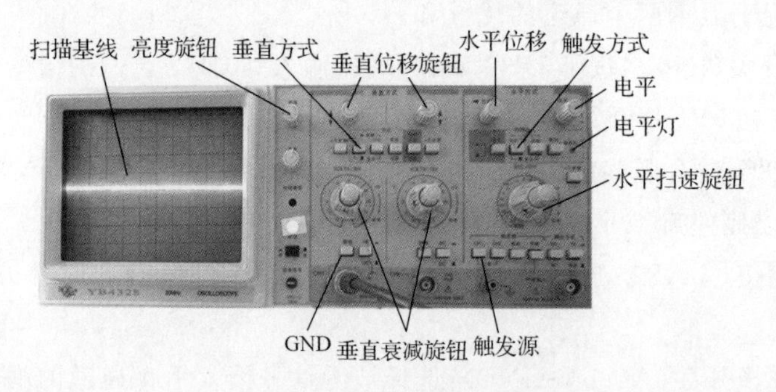

图 4-10　示波器设置示意图

将信号接入,如果选用的是 CH1 通道输入,则触发源和垂直方式都选择 CH1;如果选用的是 CH2 通道输入,则触发源和垂直方式都选择 CH2。将垂直微调旋钮和水平微调旋钮都旋至校正位置。若波形不稳定,则做以下调整:将触发方式置于"常态",调节电平旋钮至合适的触发电压,使波形稳定。调节水平扫速旋钮,使显示屏上显示的波形为 2～3 个周期,调节垂直衰减旋钮和垂直位移旋钮,使波形处于显示屏中间位置,并使波形峰峰值占显示屏的 4～5 格,方便读数。注意当输入信号频率较低时,波形会出现闪烁,这是正常现象。

(2)信号的测量

①直流电压的测量

如图 4-11 所示,将耦合方式置于"GND",此时显示的扫描线为零电平的参考线,将此参考线移至与显示屏网格的某一横线重合，以便读数。再将耦合方式置于“DC”，此时垂直衰减旋钮所指的数值与扫描线在 Y 方向与零电平参考线相距的格数相乘，即得测得的直流电压值，若扫描线高于零电平，则为正电压；反之，则为负电压。

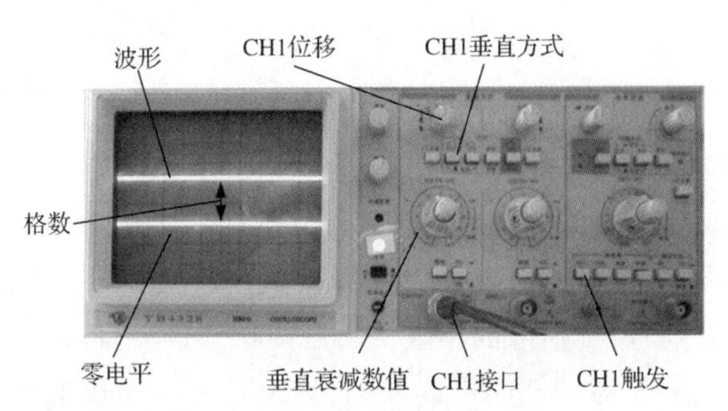

图 4-11　直流电压测量示意图

例如：扫描线距离零电平 3.6 格，垂直衰减旋钮置于 1 V，则所测直流电压为

$$U=3.6\times1=3.6\ \text{V}$$

②交流电压的测量

测量信号的交流分量时，将耦合方式置于“AC”，将波峰或波谷移至与显示屏网格的某一横线重合，读取波峰至波谷在 Y 方向之间的格数，再乘以垂直衰减旋钮所指的数值，即得波形交流分量。

当耦合方式选择开关都弹起时，显示的波形既有直流分量，又包含交流分量。

③周期和频率的测量

调节水平扫速旋钮，使显示屏上显示完整的 1～2 个周期。移动水平位移旋钮，将波峰或波谷与显示屏网格的某一竖线重合，以便读数。读取波峰至下一波峰在 X 方向之间的格数，如图 4-12 所示。读取的格数再乘以水平扫速旋钮所指数值，即得波形的周期，其倒数即波形的频率。

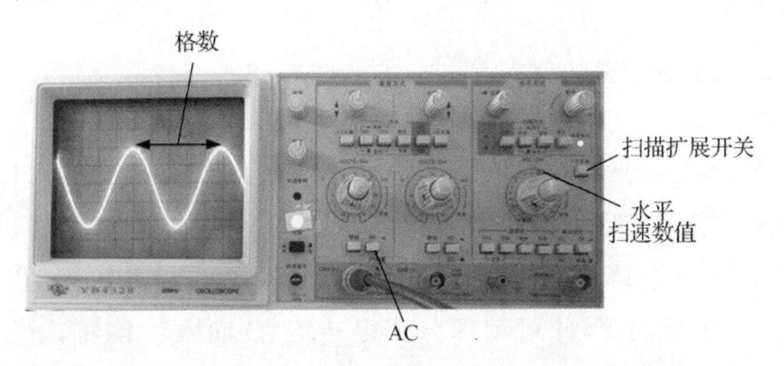

图 4-12　周期和频率测量示意图

例如：屏幕上波峰至下一波峰在 X 方向之间的格数为 5 格，水平扫速旋钮置于 2 μs，则波形周期为

$$T=5\times2=10\ \mu\text{s}$$

当扫描扩展开关按下时，扫描速度加快10倍，实际周期为原计算值除以10。

④同频率信号相位差的测量

将两个信号分别接至CH1和CH2通道。需要注意的是，由于两通道内部共地，因此要求两个输入信号为共地信号，否则会造成短路现象。如图4-13所示，分别将两个通道的耦合方式置于“GND”，将两个信号的零电平参考线移至重合，再将“GND”开关弹起，读出两个波形由负过正时在 X 方向上的格数 M，再读出信号一个周期所占的格数 N，则相位差 θ 为

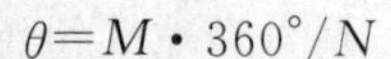

$$\theta = M \cdot 360^\circ / N$$

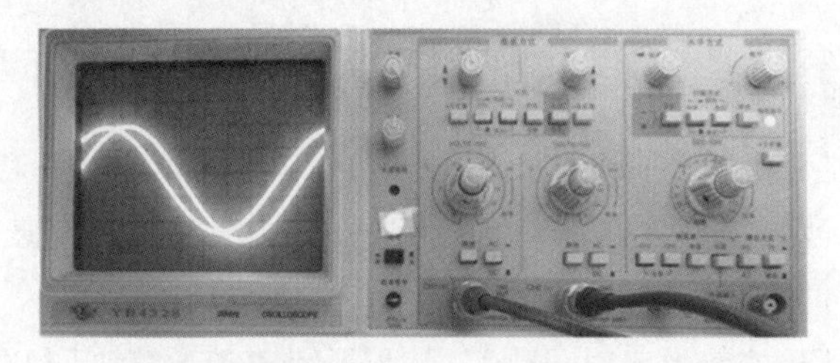

图 4-13　相位差的测量

4.6　功率表

4.6.1　工作原理

实验室所用的功率表大多属于电动系仪表，这种仪表有两个线圈，即固定线圈（又称定圈）和可动线圈（又称动圈）。定圈为平行排列的两个部分，动圈与转轴连接后，放置在定圈的两部分之间。工作时，定圈通过电流 I_1，建立正比于 I_1 的磁场，当动圈通过电流 I_2 时，该磁场对其产生电磁力 F，使可动部分获得转矩 M 而发生偏转。当通过的电流为直流时，$M \propto I_1 I_2$；当通过的电流为交流时，$M \propto I_1 I_2 \cos\varphi$，带动指针偏转的角度 $\alpha \propto I_1 I_2 \cos\varphi$。

负载消耗的功率 $P = UI\cos\varphi$，因此在测量时包括 U、I 以及 φ 三个参数。如图4-14所示，测量机构的定圈A与负载串联，测量流过负载的电流 $\dot{I}$，因此又称电流线圈。动圈D与电阻 R_v 串联后，再与负载并联，因 R_v 很大，动圈感抗可以忽略不计，因此流过动圈的电流 $\dot{I}_2$ 与负载电压 $\dot{U}$ 同相，即 $\dot{I}_2 \propto \dot{U}$，因此动圈反映负载电压，又称电压线圈。$\dot{I}$ 与 $\dot{I}_2$ 之间的相位差近似为 $\dot{I}$ 与 $\dot{U}$ 之间的相位差。因此 $\alpha \propto I_1 I_2 \cos\varphi$ 可改写成 $\alpha \propto IU\cos\varphi$，$IU\cos\varphi$

即负载消耗的功率 P，说明指针偏转的角度与功率成正比。

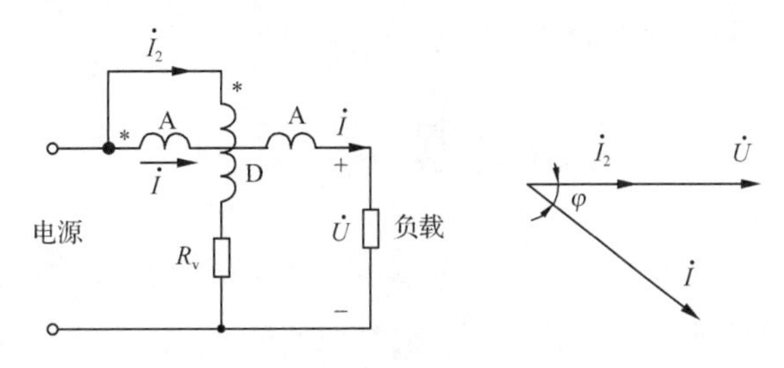

图 4-14　功率表原理图

4.6.2　功率表的使用

(1)使用功率表时要注意正确地选择功率表的量程，要求所选功率表的电流量程及电压量程必须大于负载的工作电流及工作电压。

(2)指针的转矩方向与电路线圈和电压线圈的电流方向有关，如果其中一个接反，则转矩方向改变，不但不能读数，还有可能将指针打弯。为了防止这种现象发生，应在两个线圈对应于电流流进的端钮上加上“*”或“+”，称为发电机端。接线方法如图 4-15 所示，必须遵守“发电机端”的接线规则：电流线圈是串联接入电路中的，功率表标有“*”的电流端必须接至电源端，而另一电流端则接至负载端。电压线圈是并联接入电路中的，其发电机端必须和电路线圈的发电机端接在电源同极性的端子上，以保证两个线圈的电流都从发电机端流进。

(3)如果功率表的接线正确，但指针却反转，则说明负载端实际含有电源，反过来向外输出功率。此时应将电流端钮换接。

(4)图 4-15(a)所示接法中电流线圈中的电流等于负载电流，但电压支路两端的电压不仅包含负载电压，还包含电流线圈两端的电压，适用于负载电阻远比电流线圈电阻大得多的情况，图 4-15(b)所示接法中电压支路两端的电压与负载电压相等，但电流线圈中的电流却包括负载电流和电压支路电流，这种接法适用于负载电阻远比电压支路电阻小得多的情况。

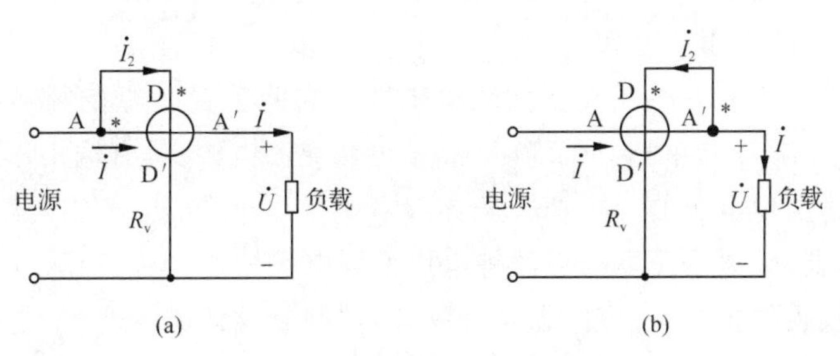

图 4-15　功率表接线图

4.7 KHDG-1 型高性能电工综合实验装置简介

KHDG-1 型高性能电工综合实验装置是由浙江天煌科技有限公司研发的，本实验装置主要由电源控制屏、实验桌、计算机及实验组件挂箱组成。实验测量仪表采用数字化、智能化、人机对话及计算机接口相结合，电源控制屏及部件采用全方位的功能保护和人身安全保护体系，同时设有定时器兼报警记录仪，为开放实验室创造条件，大大提高了学生的实验动手能力。本实验装置能够满足“电路分析”“电工学”“电工基础”“电机与拖动”等课程的教学大纲要求。

KHDG-1 型高性能电工综合实验装置实物外形如图 4-16 所示。本实验装置具有综合性强、适应性强、整套性强、一致性强、直观性强、科学性强、开放性强等特点。

技术性能：

(1)输入电源：三相四线 380 V±10%、50 Hz。

(2)工作环境：温度为−10～+40 ℃，相对湿度小于 85%(25 ℃)，海拔小于 4 000 m。

(3)装置容量：小于 1 kVA。

(4)重量：380 kg。

(4)外形尺寸：172 cm×73 cm×160 cm。

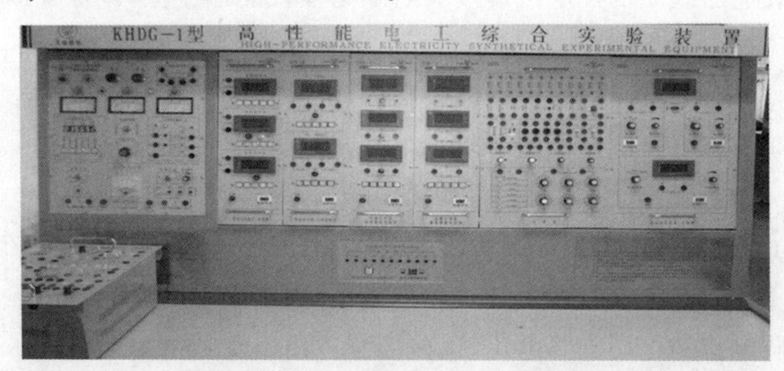

图 4-16　KHDG-1 型高性能电工综合实验装置实物外形

进行电工实验的常用装备如下：

(1)电源控制屏。KHDG-1 型高性能电工综合实验装置电源控制屏如图 4-17 所示，它包括：三相 0～450 V 和单相 0～250 V 连续可调交流电源、具有输出短路保护的 220 V 励磁电源、可作为电枢电源的 40～230 V 连续可调稳压电源；人身安全五大保护体系，包括三相隔离变压器、隔离变压器前后两种电压型漏电保护器、电流型漏电保护器以及强弱连接线及插座；仪表保护体系；定时器及报警仪；控制屏及其他设施。

(2)实验桌。

(3)数控智能函数信号发生器(带频率计)，能够输出正弦波(1 Hz～160 kHz)、矩形波(1 Hz～160 kHz)、三角波(1 Hz～10 kHz)、锯齿波(1 Hz～10 kHz)、四脉方列

(1 kHz)和八脉方列(1 kHz)。频率计测量范围为 1 Hz～300 kHz。

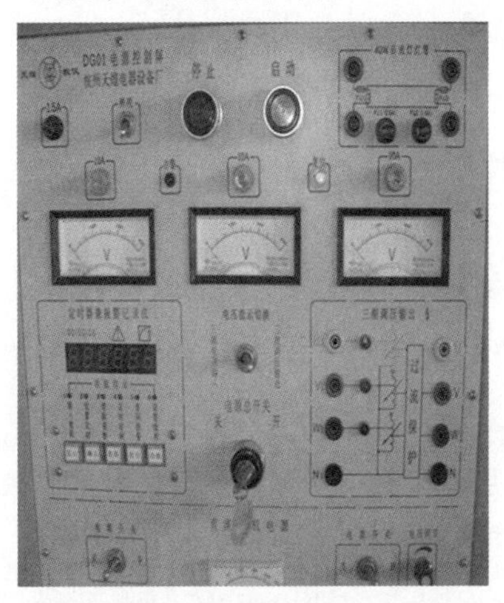

图 4-17　KHDG-1 型高性能电工综合实验装置电源控制屏图

(4)两路直流稳压电源(0～30 V、1 A 可调)、0～500 mA 恒流源、四路受控源、回转器及负阻抗变换器等。

(5)各种电路基础实验挂箱。

(6)各种仪表挂箱。

(7)其他电机、PLC 等实验挂箱。

KHDG-1 型高性能电工综合实验装置功能完备,通用性强,适用于各种电路类课程的实验教学,是目前高校使用较多的实验装置之一。

参考文献

1.邱关源.电路(第五版).北京.高等教育出版社.2006

2.【美】奥马利.基本电路分析.北京.科学出版社.2002

3.黄学良.电路基础.北京.机械工业出版社.2007

4.林平勇.电工电子技术(第二版).北京.高等教育出版社.2004

5.程荣龙.电工与电子技术基础.北京.清华大学出版社.2011

6.沙晓菁.电工与电子技术基础技能实训.北京.清华大学出版社.2005

7.叶水春.电工电子实训教程.北京.清华大学出版社.2004

8.王卫平.电子工艺基础.北京.电子工业出版社.1997

9.王卫平.电子产品制造技术.北京.清华大学出版社.2005

10.卢庆林.电子产品工艺实训.西安.西安电子科技大学出版社.2006

11.阮友德、张迎辉.电工中级技能实训.西安.西安电子科技大学出版社.2006

12.陶彩霞.电工与电子技术.北京.清华大学出版社.2011

13.刘陈等.电路分析基础(第5版).北京.人民邮电出版社.2017

14.刘原.电路分析基础(第3版).北京.电子工业出版社.2017

15.唐甜、祝光湖.从故障诊断角度看“电路分析实验”[J].实验室科学,2017(3):43-45

16.何新霞、王艳松等.“电路分析实验”课程融合设计性和研究性的探索[J].电气电子教学学报,2016(3):120-123

17.沈一骑、万凯.电路分析实验的改进与研究性拓展[J].实验技术与管理,2013(4):24-26

18.李晓冬、李淑明.电路分析基础实验教材中引入工程应用的探索[J].大众科技,2015(9):148-149